ペットと私

キミたちは、たいせつな家族だよ

「ペットと私」発刊委員会・編

文芸社

目次

イズミと過ごす日々

クニミ　シズオ

平成二十二年四月職場に突然電話があった。

「子ネコ飼ってもいい？」妻からだった。

「普通職場の電話にはかけないぞ」

「だってあなた、携帯はでないじゃない」ポケットの携帯には着信履歴があった。

「すまん。気づかなかった」

「ねえ。迷惑はかけないから。ネコだったら子どもの頃、飼っていたから大丈夫なの」

「迷惑かけないならいいよ」

「ありがとう」

この年の三月、妻は娘のセキセイインコをうっかり逃がしてしまい、罪悪感にさいなまれていた。ペットショップに行き、同じようなインコを買おうとしたのだけれど、また逃がしたらどうしようと不安になった。

　ふと見ると生まれたばかりの子ネコの飼い主を探している。黒と茶色で、お腹は白い、小さなメスネコだ。手のひらにすっぽり収まりそうだ。ネコなら家になつくから外に出ても帰ってくる。逃がすことはない。そう思ったらしい。

　家に帰ると子ネコを抱いた妻がいた。そして長い廊下いっぱいに荷物があった。猫用砂。砂入れ。食事皿。水飲み容器。檻。ベッド。ネコジャラシ。爪とぎ用段ボール。首輪。散歩用リード。

「ネコを飼うのにこんなに必要なのか」

「これくらいだと思うけど。檻、組み立ててくれない」

「ああ。わかった」迷惑かけないと言ったけど、『やっぱり手伝わないとだめか』と心で思いながら組み立てた。その間妻はずっと子ネコを抱いていた。

「はい。パパが作ってくれますよ」妻は子ネコに話しかけている。

「これでいいか」ほんの十分で組み立てた。

「はい。入りますよ」妻は子ネコを入れた。檻の柵の間は四センチぐらい。子ネコはなんと隙間から出てしまった。

「仕方ないから。廊下で飼いましょう」と妻。しかし、キッチンにつづく戸も、洋室へつづく戸も、和室へつづく月見障子も、すべてスライド式、子ネコは戸を開けられるのだ。

結局、開き戸でつづく部屋以外、すべて子ネコの生活空間になる。

「名前どうする？」妻に聞くと
「娘がイズミにするそうよ」と妻。二人で考えたらしい。父親はさみしいものだ。

この日から毎朝、トイレの砂替え、水替え、餌やりが私の日課になった。妻はブラッシングや爪切りが自分の仕事だといっている。娘は子ネコと遊ぶことが仕事らしい。

動物は飼えば飼うほど可愛いもので、とくにすり寄ってくると、一緒に遊んでやるようになる。

イズミは庭に生えている、エノコロクサがお気に入りだ。市販のネコジャラシには、あまりじゃれないが、エノコロクサだとネャンネャンいいながら突進する。

ある日イズミが窓を登り始めた。よく見ると網戸だった。網の目に爪をかけて上まで登っていく。しかし降りられない。上でもじもじしている。しかたないから下ろしてやる。

「もう登ったらだめですよ」

抱いて床に置く。するとまた登って行く。上でもじもじする。

「もうだめですよ。網戸が破れたら蚊が入るよ」

そう言って抱いて床に置く。するとまた登って行く。上でもじもじする。そんなことの繰り返しだ。

夏になるとイズミは蚊を退治した。網戸の隙間から入ったようだ。前足ではさんで退治してしまった。

息子は大学に進学し家を出てアパートで暮らしている。娘も大学に進学しアパート暮らしする日が来た。イズミも少し大きくなった。娘は受験勉強しながら、息抜きにイズミと遊んでいた。

「娘がいなくなるとさびしくなる。妻と二人暮らしか」と思っていたが、さびしくなることはなかった。

手のかかるイズミがいたからである。娘がイズミと遊んでいた時間、私がイズミを遊ばせるようになった。イズミが娘の出ていく、さびしさを和らげてくれたのかもしれない。

娘が家を出てから五年半。イズミも七歳半。人間でいえば中年だ。今では家でゴロゴロ寝てばかり。でも蚊を取る鋭い前足はまだ健在だ。いつまでも元気でなイズミ。

『大好きだよ』

森　麻里絵

　私は今、手術を終え入院中の愛猫「ちび」の帰りを待っている。

　ここ一年、ちびの体調があまり優れず、病院に通う回数はグンと増えた。皮膚のかゆみから始まり、目のかゆみ、自力で排便できない等、様々な症状に悩まされた。

　そして、今年七月二十七日。ちびが「胸腺腫」に罹患していることがわかった。「筋力の低下がみられるので、念のためレントゲンを撮ってみましょう」と言うホームドクター。レントゲンを撮り終えると、先生が「何か写ってる……」と呟き、その表情は一気に曇り始めた。その言葉と表情から、私もすぐに事の重大さを悟った。

　それから、胸腺腫という病気についての説明を受けた。また、「重症筋無力症」、「多発性筋炎」という病気も併発している可能性が高い、と言われた。私にとってあまりにも急な出来事で、何が何だかわからなかった。「今まで元気に暮らしていたのに……何で。どうして」と涙が溢れた。ちびも、そんな私を、どこか悲しそうな瞳で見ていた。

重症筋無力症は身体に力が入らなくなる病気で、人間では難病指定されている。ちびの手足は、日に日に力が入らなくなり、歩くのは勿論、起き上がることさえ難しくなってしまった。病名を告げられて僅か一ヶ月足らずで、薬無しでは動けなくなってしまったのだ。

先生には、腫瘍摘出のための手術を勧められたが、すぐに頷くことはできなかった。ちびの身体にメスを入れることへの罪悪感、動物が生きる上での本来の在り方……。でも、手術をしなければもっともっと症状が悪化してしまう……。手術という選択が、ちびにとって本当に良いことなのか、人間のエゴではないか等と毎日悩み続けた。どちらを選択しても後悔が付きまとうような気がして、涙が止まらなかった。

病名宣告を受けてから約一ヶ月後、私は漸く手術を受けさせる決断ができた。

手術前夜。真夏だというのに、ちびは私にピッタリとくっ付いて眠り、朝まで一時も離れることはなかった。ちび自身、私の決断に気付いていたのだろう。そんな姿を見ていると、また決断が揺らいでしまいそうになった。痩せてしまって小さくなった身体を抱き締めて、「必ず治るよ。絶対に守るからね」と何度も呟いた。

手術は、ホームドクターによるものではなく、東京の大学病院の先生のもとで行われることになった。

手術当日。執刀医の先生から、一通りの説明を受けた。そして、「宜しくお願いします」

と祈りを込めた言葉で、ちびを預けた。静まり返った待合室で、無事手術が終わるのを待った。何度も何度も時計を見るけれど、まだ五分しか経っていない……。その繰り返しだった。

約三時間後、「森さん。森ちびちゃんのお母さん、診察室二番にお入りください」とアナウンスが流れた。ずっと下を向いたままだった顔をハッと上げて、診察室へ一目散に走った。扉を開けると、少し息が上がり体が震えている先生が立っていた。「今、無事に終わりました」その言葉を聞き、安堵感から涙が込み上げてきた。長い長い三時間だった。一気に緊張がほぐれて、全身から力が抜けてゆくのがわかった。

「面会しますか。まだ意識がハッキリしていないと思いますが」と言われた。少し考え、「はい」と答えると、ＩＣＵで眠るちびのもとへと案内された。狭い箱の中に、たくさんの管を通されたちびが眠っていた。「ちび、よく頑張ったね」と声を掛け少しだけ頭を撫でると、パクパクと口元が二回だけ動いた。まるで、「ママ」と言っているみたいだった。意識が朦朧とする中、私に気付いてくれているようだった。ちびの横たわる姿は何ともいえないもので、もう涙が止まらなかった。小さな身体でよく頑張ってくれた、と思った。先生も、「一番頑張ってくれたのは、ちびちゃんですから」と言ってくれた。先生の一言が嬉しかった。

ちびは今入院中で、あと四、五日で退院予定だ。早く会いたい。会いたい。私は、ちびのお母さんとして、涙を流さずにちびの帰りを待っている。ちびの居ない部屋で、つい、ちびの姿を探してしまいながら……。

私のちびに対する想いは、「可愛い」とか「癒される」というものではなく、「大好き」という気持ちだ。私が泣いても、笑っても、怒っても、いつもそばに居てくれて、まんまるな瞳で見つめ返してくれるちび。

本当に大好きだよ、ちび。

三ちゃんの死

小判　繁樹

今までいろんな死に顔を見てきた、と俯き思った。こんなこと考えるのは、最近死んだ愛犬三吉が引き金になっている。

三吉は娘がまだ幼稚園児の頃、近くの停留所に生まれたまま捨てられているのを、抱きかかえて戻って来て、そのまま家族の一員となった。三吉という名前は、数年前突如逝った父の名前をそのまま借用した。雑種であるにもかかわらず、室内犬として飼っていたが、知らぬ間に父の部屋にいつくようになったのはそのせいだと家族の者達は本気で考えるようになった。そのうち三吉は三ちゃんと呼ばれるようになった。

犬猫病院の待合室で妻に抱きかかえられている中型犬は、まわりの由緒正しい血統書つきの犬の中でまぎれもない見るからに雑種であった。しかし、妻の三ちゃんへの愛情は真っ白い毛に輝きを見せ、妻の小さいからだいっぱいに抱きかかえられている安心しきった表情にあらわれていた。

十四歳と五ヶ月の三ちゃんは、人間の年齢に置き換えてみると、かなりの年齢で、いつ他界しても不思議ではなかった。しかし、三ちゃんは大きな目の童顔を保ち、しっかりしたからだつきをしていたから、まだまだ三ちゃんと辛い別れをしなくてもいいと思っていた。ところが最近になって急に弱りはじめ、物を食べなくなった。おまけに今まで一度もなかった下痢を家の中で繰り返すようになった。再三病院へ連れていって入院させたが、治療の効果がなく、検査の結果、悪性の腫瘍だとわかった。年齢とからだの衰弱から手術も出来ない状態だと獣医から告げられた。それで、いったん家に連れて帰った。

妻の反対をはねのけ、メールで知らせた東京にいる息子が、どういう手段をとったのか、仕事帰りにそのまま岡山に向かい、次の日の早朝家に戻って来た。敗残兵のようにやつれきった息子は、べろを出し、息をする変わり果てた三ちゃんを見て号泣した。そして、その日の昼過ぎ、泣きながら三ちゃんとの思い出を抱えて東京に戻って行った。

次の日、大阪にいる娘が会社に父親の具合が悪いとうそをつき戻って来た。

娘は三ちゃんにずっと添い、うたた寝する娘に三ちゃんはもたれかかった。最後の力で甘えているようでもあった。

妻は夜中じゅう三ちゃんの足を握っていた。

母はこのまま逝かせてやろうと言った。

娘が三ちゃんの皮膚から血がにじみ出ているのを見つけた。

私は医者しかないと判断し、車にのせて連れていった。

医者は手のほどこしようがなく、二、三日の命だと言った。

妻と娘は連れて帰ろうとした。

このまま連れて帰ったら、この前まで私の入院の世話をしていた妻がまいってしまう。高齢の母が自らの身を重ねてしまう。それにこれ以上三ちゃんを苦しめたくないと判断した私は、医者に安楽死を求めた。

点滴に麻酔が流され、息をひきとる間、娘は三ちゃんを包み込むように抱きかかえていたと妻が後から教えてくれた。

私はというと、病院の駐車場でダンボール箱に入れられ運ばれて来る三ちゃんを噴き上げてくる悲しみをこらえながら待っていた。

妻と娘にかかえられた軽いダンボール箱のふたを開け、白い布で覆われた三ちゃんの死顔は、初めて娘に抱かれて連れて来られた時のかわいい三ちゃんの顔そのままであった。

折しも、ゴールデンウィークの最中《さなか》、幸運にも娘に助けられた三ちゃんが、幸運にも娘に抱かれ、家族のみんなにみとられて逝った。

私はあいつを許さない

五月雨の女王

あいつは、一人の人間を壊しました。ぐちゃぐちゃにして原形もとどめないくらい。私は、そんなあいつが嫌いでした。大っ嫌いでした。

あいつの名前は翔。男です。黒髪で青い瞳をしています。小柄でキリッとした大きな目は、男も女も魅了します。優しくて人懐っこくて誰からも好かれます。それは、私の母も例外ではありません。何をしても笑わない、鉄の無表情のあの母も、翔を目の前にすると「翔く〜ん！」と満面の笑顔で手を振るのです。正直、この変わりようにはドン引きです。でも、笑った母の笑顔は好きでした。

翔とは同居しています。全くの他人ですが、私が生まれる前からこの家にいるのです。私の母が引き取ったのだそうです。まぁ詳しい過去は知りません。いるものはいるのです。だから母は、翔はお前の兄だとよく私に言います。私は興味がないので適当に相槌を打つのです。

翔とは、よく外に出かけます。といっても、家のまわりを散歩するだけです。でも翔は、玄関を開けた瞬間から全力で走り出します。翔はすごく足が速いのです。私は運動が苦手なので、見失わないように追いかけるのが精一杯でした。翔は途中で止まると、私の方に振り向き笑います。めっちゃ笑顔です。ちょっと息を切らしている様子が無邪気だななんて思います。その後は私の歩行ペースに合わせてくれます。でも、こいつは基本マイペースなので、急に花畑に突っ込んだり、虫と話し始めたりします。なんともファンタジーな野郎です。もう十分な大人なのに……。

家に帰ると、母の作ったお好み焼きを食べます。翔は、母のお好み焼きが大好きなのです。薄味が好きなので、ソースも何も付けずに食べます。おいしそうに食べる翔を見て、母は嬉しそうに笑うのです。私がおいしいと言っても、うんともすんとも言わないのに。母を笑顔にすることができるのは、こいつだけなのです。

お腹いっぱいになった翔は、皿を洗っている母の姿をただただ座って見ます。何を言う訳でもなく、ただ座って見ているのです。そうして母が洗い終わると、静かに部屋に戻り寝床につくのです。皿を洗う母の姿が子守唄にでもなるのでしょうか。謎です。

寝るというと、こいつは一度寝たらなかなか起きないのです。しかも、超ロングスリーパーなのです。ほとんど一日中寝ています。いつだったか、あまりに起きないので腹を思っきり蹴ってやったら起きました。翔はびっくりして飛び起きましたが、私が「散歩行くよ」と言うとすぐ笑顔になるのです。こいつは腹を蹴られて怒らないのかとそれこそこっちが驚きました。こいつの懐の深さは海を超えてマグマまでいくでしょう。

私は、中学生にあがる頃、翔のことが段々気に入らなくなってきました。私は学校であまりクラスの人達から好かれている方ではありませんでした。でも、私自身も人に興味がなかったのでそれに不満は感じていませんでした。しかし中学校から帰ると、玄関に手をかけるタイミングで、いつも翔が先に扉を開けて「おかえり」と言って出向かえてくれます。私は、その当たり前の優しさに嫌々になっていたのです。反抗期でしょうか。そんな自分に本当に苛立ちを覚えます。ずっと寝ているくせに、私が帰るときは必ず起きるのです。私には、こんなことはできません。翔は、本当にすごいやつです。母もきっと、翔のこんなところが好きなんでしょう。でも、

ある日突然あいつが姿を消しました。

本当に突然です。その日は学校で嬉しいことがあって、あいつにそのことを話してやろうと思っていました。ルンルンで家に帰るといつも出向かえてくる青い瞳がありません。違和感を覚え家中をさがしましたが、影一つ見当たらないのです。そのことを帰宅した母

に伝えると、母は夜中まで探し続けました。私は、そんな母を見てもまた翔に嫉妬してしまいました。これだけ母の心を揺らすことができるなんて……お前は実の息子でもないのに……そう思ってしまったのです。

その日から翔は家に帰ってくることはありませんでした。母は三日飲まず食わずで、ずっと寝ていました。仕事にも行かず、生気がまるでないようでした。私は、母をこんなにした翔のことをさらに嫌いになりました。

翔がいなくなってから三日後、母がやっと口を開きました。夢を見たと。翔が走ってきて「会いたかった」と言ってくれたと母は言いました。その四日後、また夢の中に翔が現れて「さびしかった」と言ったそうです。そう話してくれる母の言葉はか弱く、顔をぐしゃぐしゃにして泣いていました。

母の涙を、私は初めて見ました。

翔がいなくなって四十九日後、草原というべきか楽園というべきか、そこに翔が立っていて、子どもがそこら中に広がっている夢を見ました。真っ白い綺麗な奥さんが隣にいて、母は「よかったね」と言っていました。その日らへんから、母の調子もよくなってきて、「寿命も近かった」と後に母から聞きました。黙って家を出ていった翔は、逆に賢かったのかもしれません。もし目の前でいなくなれば、それこそ母は自殺するでしょう。翔は、私が幼い頃、ベランダから庭に落ちそうになったのを支えてくれたことがあるそうです。私は覚えていませんが、翔は私を救ってくれたと聞きました。

　私も中学校を卒業する頃、友達ができました。翔がいなくなってどれくらいたったでしょうか。なぜか無表情で無口だった母も、話すようになり、会話が増えました。本当に許せない奴です。勝手にいなくなって、私の人生をめちゃくちゃにして。もう、昔の私すらも忘れてしまったくらい、あいつは私の心を揺らしました、変えました。

　これは、一人の人間を壊したあいつの話。一匹のシベリアンハスキーと、私の家族のお話。私は翔を、帰ってくるまで許さない。絶対に忘れない。

これからも

赤浜　直樹

あなたがはじめて私たちの家に来たのが、私が小学四年生の時でしたね。母と祖父が保健所からもらってきた子があなたでしたね。

私が小学校から帰ったら、あなたはコタツの隅の方でちょこんと座っていました。目がクリクリとし、艶やかな黒と輝くクリーム色の毛並で小柄なあなたは不安そうな顔でこちらを向いていたね。

「おいで」と私がしゃがみ、声をかけると、あなたはゆっくりとした足取りでこちらに来て、指をなめてくれましたね。嬉しかった。可愛かった。

私がお手やお座りをあなたに教えることになった。あなたは飲み込みが早くすぐにできるようになっていましたね。特にお手は水泳のクロールをするような豪快なスライドでとても絵になっていましたね。私はあなたのことになると少々バカになる所がありますが、あれほどのお手は見たことがないです。

あなたが六歳のころ、背中に一本の白い毛が生えていました。

私は死という漠然としたものへの大きな不安がのしかかり、母にこの子は長生きするよねと何度も、何度も自分を安心させるために必死に喋っていました。そんな私が言っているそばであなたは何食わぬ顔で、ご飯をモクモクと食べていた記憶があります。

ベランダから外の景色を見るために背筋をピンとしながら立っている姿や、おやつで骨の形をしたガムをもらって、尻尾を振りながらトコトコと軽快な足取りで歩くあなた。語りつくせない思い出全て、全てが愛おしかった。

そんなあなたがなくなったのは強まる日差しに夏の移ろいを感じさせる日でしたね。

母から様子がおかしいという連絡を受け、私はそんなことはない、ウチの子に限ってという思いを馳せながら足早に向かいました。ですが、私が到着したころには、あなたはもう息をしていませんでした。

私が呼びかけても、もう愛らしい目で見てくれませんでしたね。

私はこれが現実だと思うことはできなかった。いつかは来ると分かっていた。でも信じるなんてことできなかった。

母にもうゆっくり寝かさせてやりと言われ、私は自室に戻り泣いた。

人生でこれほど泣いたのはあの日が初めてだった。

朝になり、あなたの所に行くと、獣医が来た後で、死亡確認をした後でした。

寝ているあなたの横に座り、私は泣きました。

それから夜中までの記憶はずっと泣いている記憶しかありません。

最後の夜、線香を絶やさず、あなたの右手をずっと握りあなたが来た日からのことを話し続けました。トイレに行く気も空腹も感じず喋りました。

それから何時間たったのでしょうか？　ふと窓の外を見ると陽がのぼってきていました。

霊園に行く時間の為、あなたがいつも使っていた布団で抱きかかえ、車で向かいましたね。

物心ついてから人前で泣くなんてと思っていた私でしたが、葬式が始まると嗚咽するほど泣いてしまいました。それほどあなたの存在が私にとって大きなものだったのです。

最後の別れの時、小さな棺に入ったあなたにありったけの感謝と抱擁をしました。

大きく育ったあなたの体が、骨だけになったのを見た時、私は意識が遠のきました。

あなたの骨を骨壷に入れるたび、手が震え涙も溢れ続けました。

帰りの車内、小さくなったあなたを抱きかかえながら、目を擦った時、あなたの匂いがしたので、骨壷からするのかと嗅いだけど何の匂いもしませんでした。

昨晩からあなたの手を握っていた私の手からしたものでした。

この匂いも洗えば消える。

大きな虚無感の中に居た気がします。

ですが、あれから五年。モモ見てるか？　モモがなくなってからぐうたらな俺が働くようになったりしたねんで。働くなんて想像できなかったのにな。やはり年月を重ねると変わるものやね。

でもな、モモの澄んだ声、体の優しい温もり、心地いい匂い、柔らかな感触、今でも昨日のことのように全く色褪せてないねんで。けどな、やっぱりモモに抱きついて触りたい。ギュっと抱きしめたい気持ちは募っていくばかりやわ。

後な、モモがはじめてきた日から変わらないものがまだあるねん。

モモが好きやわ。

今でもこれからもずっとモモが大好きやわ。会いたいなぁ。

だけど、まだまだモモがいる天国には行けそうじゃないわ。

社会の為、人の為になるように頑張らな、善い行いたくさんするねん。天国に行かれへんかったら嫌やからな。

だから精一杯、寿命まで生きて頑張るから天国であえた時、少し痛いかもしれんけど、強く抱き締めさせてほしいな。

まだ書きたいことはあったけど、たくさん思い出があって整理がつかんようになるのでやめます。
最後に十二年共に暮らしたモモへ
「心はずっと一緒、愛してる」

ラブとともに

竹村　京子

一九八九年八月十一日は、キラリと光るダイヤのような日であった。

中学二年の大輔が帰ってくるなり、ふくらんだTシャツの前を開いてみせた。

「お母さん、この子、飼いたいの。ちゃんと世話をするから、お願い」

綿菓子のような子犬が、上目づかいでチラチラと私をみている。

「まあ、かわいいわね。このおチビちゃん、どこにいたの？」

突然つれてくるなんて、大輔はずるい。私は彼の作戦にまんまとひっかかり、一瞬にして子犬にハートを射貫かれたのである。

「一週間くらい前に、緑苑雑木林の中を歩いていたらさ、段ボール箱があってね。子犬が二匹入っていたんだよ。お母さんに内緒で、毎日食べ物を運んで世話をしていたの。さっき会いに行ったら、箱から出て歩いていたんだ。危ないからつれてきちゃった」

と言いながら、大輔は足に巻きついている子犬を、ひょいっと抱きあげた。

あかね色の空を背にして、夫が自転車をこいできた。

「ねえ、お父さん、飼ってもいいでしょ！」

高校一年の明彦も加わり、三人でつめよる。転勤族でがまんを強いられてきた子どもたちの目は、こわいくらいに真剣だ。

「おまえさんたちと子犬、八の瞳で見つめられたら、だめだと言えるわけがないだろ」

夫のひと言で、子犬は家族になった。やっと念願がかなった瞬間であった。

私たちはこの五年前、一九八四年に、各務原市東部の緑苑団地に家を建てた。子どもも大きくなったし、これからは単身赴任だな、と夫は言ってくれている。もしそんな日がきたとしても、愛する家族が増えたのだから、寂しくはないであろう。

「もういっぽうのおチビちゃんは、どうしたの？」

気になっていることを聞くと、大輔は子犬にほおずりしながら、

「途中で、近所のおばさんがもらってくれた。どっちにしようかなって、この子を残したの。あっちの子は靴下をはいているみたいに、足だけ白くてあとはまっ黒なんだよ。目がどこにあるのかもわからないの。かわいかったけど、ぼくはこの子を気にいっていたから、ドキドキした。なあ、シロちゃん」

と言って「ふうっ」と、息を吐いた。

「まあ、よかったわねえ。そうだ、名前を決めなくちゃね。シロちゃんじゃ、ありきたりだし。愛ちゃんにしようか。かわいいでしょ。ぴったりだと思わない?」私が言うと、

「愛ちゃん、と呼んだら、人間の愛ちゃんが返事をするよ」

と、二人は笑った。それもそうだと、子犬には、LOVEのラブと命名。

ラブは吸い取り紙のように、私たちのストレスを吸い取ってくれた。思春期まっただなかの子どもたちはもちろん、夫も私もどれだけ救われたかしれない。

『夫婦げんかは犬も食わない』

というけれど、ラブはいつも食ってくれた。救いの女神様だ。足を向けては寝られない。

犬は生後一年で十五歳になり、二年で二十四歳。三年目からは一年につき、人間の四歳分ずつ歳をとっていくという。家族といえどもラブは立派な犬。犬という言葉はつかいたくないし、字にもしたくないけれど、犬にまちがいはない。あっというまに子どもたちの年齢を追い抜いてしまった。私たちよりも早く歳をとるという事実が、悲しくてやりきれない。ラブは愛らしくてやさしい、自慢のムスメに成長した。

子どもたちがそれぞれの道を歩き始めたとき、ラブは私たち夫婦の心のすきまに、するりと入りこんだ。子はかすがいというけれど、わが家ではラブがバトンを受けてくれた。夜寝るときは、夫と私の間に割って入ってきて、すぐさま寝息をたてるのだった。

家族になって十年目の十月、ラブは首の腫瘍と、子宮摘出の手術を受けた。子宮の手術

は獣医さんのすすめで、がんのリスクを避けるためである。

手術当日の朝。診察室から出ようとする私たちを、ラブはじっとみつめたあと、

「おとうさん、おかあさん、どうして私をおいていくの？」

とでも言いたげに、小首をかしげて目を伏せた。

翌日には退院。痛いそぶりもみせずに、しっかりと歩いた。首の腫瘍は「脂肪腫及び限局性の膠原《こうげん》線維の増生」ということだった。

私はラブの魅力に、ますますのめりこんでいったのである。

二〇〇五年、ラブは十六歳になった。人間の年齢に換算すると八十歳。私より年上だけれど、しわも白髪もないところが不思議でならない。

八月のある日、私たちはラブに留守番を頼んで外出し、昼すぎに帰宅した。玄関を開けると、さんたんたる光景だった。

「やられた！」

と、夫が叫んだ。和室の金庫が倒され中身が散乱。部屋中の引き出しという引き出しが、ひっくり返されている。そんなことはどうだっていい。

「ラブ！　ラブは、どこ？　返事して！　ラブ、ラブ！」

頭の中がシーンとなった。ラブは居間のカウンターの下で、横たわっていた。

おなかが波打っているのを確認して、私の鼓動は正常にもどった。ラブは全身をすりよ

せてきて、やっと、小さくないた。

ガラスを破って見知らぬ人間が入ってきたとき、ラブはどうしただろう。尻尾を振って好物をもらったのだろうか。消えたのは金庫に入れてあった私のへそくりと、婚約指輪。大金ザクザクを期待した泥棒は、きっと地団太を踏んだであろう。

「どうして貧乏な家をいじめるの。人のお金をあてにしないで、まじめに働きなさい」

私はみえない敵に、言葉をぶつけた。

二年がすぎて泥棒は大阪で御用になり、わが家に押し入ったことも白状したという。

「むかし、むかーし、そんなことがあったわねえ」

すっかりおばあさんになったラブは、目を閉じたまま口をもごもごさせた。

ラブは歳を重ねるほどに、郷愁を誘う匂いをただよわせた。おひさまをいっぱい浴びたふとんの匂いであり、父がかもした稲わらの匂い。私はラブの体に、顔をうずめた……。

「大輔のいちばんの親孝行は、ラブをつれてきたことだなあ」

と、夫がしみじみ言ったことがあるけれど、私も同じことを思う。なんと素晴らしいものを拾ってくれたものかと。ラブは、私たちにあふれるほどの愛をくれた。

季節の移ろいとともに、ゆっくりと衰えてゆき、二〇〇七年、十九回目の正月を目前にして、ラブは天国へ旅立った。

ともにすごした十八年四ヶ月の日日……。そこにはラブの年月とともに、私たち家族の年月が、くっきりとある。

宝物

藤田　徹郎

息子とマルチーズの「タイショー」の話をさせてください。

「タイショー止まって」

ピタッとタイショーは止まります。

「タイショー進んで」

タイショーはゆっくりゆっくり進みます。

タイショーは、オスのマルチーズ。息子のいうことは何でも聞きます。息子は生まれつき足が悪く、思いきり走ったり、みんなとさわいだりすることができません。それを知ってかタイショーは、ゆっくりゆっくり進みます。小学校から帰ってきて、タイショーと散歩することが、息子の一番の楽しみです。散歩から帰ってくると、となりのみぃちゃんが

「タイショーお帰り、はるきくんにいじわるするわけないか」

と笑いながらいってきました。

そんな楽しい毎日がずっと続くと思っていました。ところがある日、タイショーに悲しい出来事がおこりました。わるい病気になってしまったのです。お医者さんが

「残念ながら悪性のガンです。何もしなければ二、三か月で死んでしまいます。くすり治療をすれば、うまくいけば二年くらいは生きるかもしれません」

話を聞いて、息子はその場で泣きくずれました。そして家に帰ってきてタイショーを部屋の中にはなした時、ふだんなら部屋中を走りまわるタイショーが

「ごめんね、病気になってごめんね」

といった目をして、息子によりそってきました。そして

「タイショーはぼくが生まれた時、家にもらわれてきて十年間いっしょだった。ぼくタイショーとお別れしたくない。少しでもながくいっしょにいたい」

というとみんなが賛成しました。家族で決めました。「決して泣かない」「決してくやまない」「決して負けない」ことを……。

この病気は、まずくすりによりいったんはガンがなくなります。そしてまた再発します。そしてだんだんくすりがきかなくなり、亡くなってしまうといった病気なのです。

二年がたち、息子は小学校六年生になりました。タイショーは治療をしながらがんばっ

ていました。最近は歩くことも苦しそうでした。すぐそこまで悲しいお別れの時が近づいているかもしれません。息子はタイショーをかかえて散歩に行きました。そしてタイショーに

「ぼくが生まれて、タイショーが家にきて、いつもいっしょだったね。本当に楽しい毎日だった」

といって続けました。

「タイショー、ごめんね、くすりくるしかったよね、つらかったよね、かってだよね、でもぼく少しでもタイショーといっしょにいたかったから……。本当にごめんね。そして一つだけお願いがあるんだ。お別れのその時は、一日だけ一日中泣いていてもいい。十二年も生きているのにはずかしいよね、でも次の日からはタイショーに心配かけないように、元気に明るく生きていくことやくそくする。病気と闘いながらいっしょにいてくれたタイショーとの日々を、たいせつにして真っすぐ生きていくことやくそくする。だってタイショーはぼくの宝物だもの」

散歩のコースにある桜の木が、ピンク色にかわる準備をしています。風も少しずつやわらかく、やさしい風になってきています。春がすぐそこまできています。あるはれた日の散歩の途中、息子の胸の中でタイショーは動かなくなりました。息子は泣くことをこらえていいました。

「長い間いつもいっしょにいてくれてありがとう。タイショーとすごした日々をわすれずに、明るく元気に生きていくことやくそくするよ。そしてやくそくどおり、今日は一日中泣いてもいいよね」

四月になり、息子も中学生になりました。空をみあげると、タイショーみたいな雲が空にぽっかりうかんでいました。その雲を見て息子は
「タイショー、天国でたのしくやってるかい、ぼくのために、いつもゆっくりゆっくり歩いていたけどこんどは思いきり走れるね、どこまでもいつまでも思いきり走れるね、ぼく何でも一生懸命がんばるから、空の上から見ていてね、ぼくの宝物」
　というと空の上から
「ありがとう。ずっと見ているよ、ぼくの宝物」
　といった声がきこえたような気がしました。
　息子にとって、この出来事はつらく、悲しい出来事だったと思います。ただタイショーと暮らした日々は息子にとって一生の宝物になると思います。私も今、心の底からタイショーにいってあげたい。
「本当にありがとう。そして安らかに」

猫なら屋根に登らなくちゃ

田村　美佐子

外国の絵本に「A CAT WHO DOESN'T CLIMB UP ON A ROOF, ISN'T A CAT AT ALL」という本がある。内容は、かわいい物グッズに囲まれ、蝶よ花よと可愛がられていた子猫のミミ。ミミに甘いママは、怪我を心配して屋根に登ってはいけないと注意するも、ミミの夢は屋根に登る事。ある日、ミミはママの目を盗んで屋根に登ったのだが、すぐに見つかってしまう。しばらく大人しくしていたミミだが、我慢が限界に達し、雨の日に屋根に登ってしまった。案の定、ずぶ濡れで屋根から転げ落ちて足を折ってしまう。直るとすぐにママが止めるのも聞かず、訓練が必要と毎日屋根に登り、友達には屋根に登らない猫は猫じゃないと言い放つ。そんなミミに刺激された友達も屋根に登り始め、ミミはひとり遠出をするまでになっていた。そんなミミを見て、今では心配するどころか自慢するママであった。というような話である。

昨今、いや、昭和の終わり頃から飼い猫で屋根に登る猫などほとんどいないに等しいのではなかろうか。我が家の歴代の猫たちも屋根に登ることはなかったはずだ。大体私は見たことがない。ところが、我が家で最後に飼った猫は違った。

我が家にやってきた時は手のひらに乗るくらい小さく、毛足が長くてフワフワとした綿毛に包まれていた。小さな子供もいないし、一年前に拾ってきた子犬も大きくなっている。椅子の上にも上がれない子猫に、家族全員母性本能を刺激され、心を鷲づかみにされた。小鉄と名づけた子猫はなるべくして我が家のアイドルになっていた。

私たちは、馬鹿な飼い主の典型だった。小鉄を猫かわいがりして、喜ぶカニカマをねだられるまま食べさせていたせいで、病院通いをする羽目になってしまった。そのついでに去勢までしてしまった。これが坊ちゃん扱いする原因となる。塩分を控えるために、なるたけ手作り、使う食材は、むきエビ、鶏肉、刺身、魚と贅沢三昧をさせてしまったのだ。

甘やかしたせいか、小鉄は犬の散歩についてくる。私がちょっと外に出ると後をついてくる。犬や家族の誰かが一緒じゃないと家の周りしか歩くことができない根性無しだった。おまけに心優しい。ネズミを捕まえはするが、食べようとはしない（ネズミは眉間に穴を空けられ死んでいた）。

そんな小鉄が我が家にやって来て六年が経った頃だろうか。その年の夏は異常なほど暑かった。サンルームの庇だけではサンサンと降り注ぐ太陽光線と熱に勝てず、エアコンを強にしても家の中は一向に涼しくならなかった。耐え切れず、考えた末、サンルームの屋根に古いカーペットを載せたのだ。正解だった。今度は油断していると冷えすぎた。その時に使った梯子は片づけていなかった。だが、小鉄はまだ屋根に登ることはなかった。

秋風が吹き始め、カーペットをはずしても梯子はそのままで立てかけていた。そんな時、母が病気で入院する事になった。母がいない日が、五日、六日と続き、待てど一向に帰ってこない母を待ち兼ねたのか、小鉄は大胆な行動に出た。時は薄暗くなった夕刻。天井から何やら足音が聞こえてきた。カラスだろうと気に留めていなかったが、足音は聞こえ続け、次第に耳障りになってきた。追い払ってやろうと、外に出て屋根の上を見た私は目を疑った。そこにいたのは黒いカラスではなく、すました顔をした小鉄の姿だった。どうやって登ったのだろうかと不思議だったが、立てかけた梯子を見てすぐに納得した。

この日を境に、小鉄は雨の日以外毎日のように屋根に登った。地面を歩くよりは、はるかに良い見晴らしにも気づいたのだろう。しばらく様子を見ていたある日の事。ガタガタ、ドタンと、少し開いた窓から大きな音が聞こえてきた。何事かとあわててのぞいたが、暗くて何も見えない。外に出てみると、薄暗がりの中、小鉄がニャーと鳴いて近づいてきた。もしかすると、小鉄が落ちたのではないのだろうか。しかし、落ちた姿を見ていない。小鉄を見ても怪我した様子もないので、普段どおり家に入れてあげた。

その次の日から小鉄は屋根に登らなくなった。きっとあの音は、小鉄が屋根から落ちた音なのだろうと私たちは理解した。すぐに梯子を片づけた。屋根から落ちたショックが大きかったのか、それ以後梯子を立てかけても、小鉄は二度と屋根に登らなくなった。

それから六年後、小鉄の一才上の犬ラムが病気で亡くなり、後釜になった子犬花子とも仲良くなった。小鉄は元気で生き続けた。小鉄の好きな父と母も亡くなり、花子が十二才を迎える年、小鉄は急激に衰えてきた。外から少し高いサンルームの中に飛び上がるのが困難になった。歩くスピードも遅くなった。散歩の途中、立ち止まる回数が増え、介助が必要になった。わずか二か月くらいの間だ。最後は寝てばかりで、食事も徐々に少なくなっていく。それでも生きようと頑張った。小鉄は天寿を全うし、老衰で亡くなった。享年二十五才。

亡くなったときは涙が出たが、後悔は何一つない。かなり高くついた食費代を差し引いても私たちの心を和ませてくれた事、長く生きた事、それに屋根に登った事があるネコとしていまだに自慢することができる我が家の猫だ。

里山のアイドル犬だったログ

畑山　静枝

「ログ、ログ、ここへおいで」と言うと、どこにいても、ふさふさの、つやつやした茶色のしっぽをふりながら、飛んできたね、いまは亡きログよ。会いたいよ、本当に。なでたいよ、その毛並みを。

私は、仲間と共に、里山の再生事業に取り組み、ログハウスを手作りし、今も、大勢の子どもたちに自然体験をさせている毎日だ。

二十三年前、東京より、ゴールデンレトリバーの子犬がここの里山に来た。雄だった。ログハウスの番犬として来たので、その名前も、ログとつけた。まだ、子犬だったので、誰からもヌイグルミのように可愛がられた。

しかし、番犬としての訓練が必要だったので、警察犬訓練所で五ヶ月、みっちりと仕込んで貰った。その甲斐あってか、赤ちゃんから、お年寄りまで、幅広く、安心して触れ合うことが出来、おまえ、ログは、瞬く間にあらゆる人に愛される犬となったんだよね。

時には、里山の畑を荒らすイノシシや、サルたちともよく闘った。サルの群れに囲まれた時は、ボスの指令からか、ジワリジワリと円陣を狭めて、ログを威嚇してくるさまに、私は、「ログーっ、もういいよ、帰っておいで」と大声張り上げて、ログを呼びよせた。本当に、あの時は、どうなることやらと、恐かったよ。

その勇ましいログが、何と、骨肉腫になるなんて、思いもよらなかった。

右の前足を痛がるので、お医者に連れて行って診て貰ったら、そう宣告されたんだ。切断しないと危ない、と言われ、ショックを受けたが、三本足のログなんて考えられず、薬の治療に頼った。ログよ、この処置が間違っていたのだろうかねえ。いまとなっては、分からない。

ログは、飼っていた猫やウサギ、他の犬たちとも折り合い良く遊び、池の鯉とは、じゃぶじゃぶ水の中に入って、じゃれて遊ぶのが好きだったね。

私たちは、「鯉に恋してるログ」と、はやしたてた。

そうそう、一度だけ、お巡りさんのお世話になったね。里山に入ってまだ間もないころ、私たちがおまえをひもでくくって外出した時、淋しがって、ひもを食いちぎり、脱走したんだったね。ところが、町中に出て、うろうろしているところを保護されて、一晩、派出所にお世話になったよね、私たちは、死にもの狂いで、おまえを探したんだよ。運よく、ある人からの情報で、おまえを取り戻すことが出来た時は、本当に嬉しかったよ。それからは、ちゃんと名札を付けてあげたよね。

そうそう、登山の案内犬としても、活躍したおまえだったが、道を間違えて、登山客を迷わせた時、責任を感じたのか、目にはうっすらと涙を浮かべ、おやつも口にしなかったとか聞いたよ。また、女性登山者にはもてて、おこづかいを稼いでいたログ、大したもんだ。けっこう、ドジもよくしたおまえだったが、何でも、勇敢にチャレンジしてたね。

あれは私たちが、ある表彰式で宮崎に行った時だった、おまえを知人に預けて行ったんだ。その時、おまえの何やら訴える寂しげな瞳に早く気付くべきだった。ごめんよ、ログ。急に、体調を崩すとは、それがまさか死に繋がるとは、予想だにしなかった私たち。知人の家で死を迎えたことを知った時の、ショック、最後を看取ってやれなかったことへの悔い。いまだに、私たちの深い傷になって残ってるよ。私は、宮崎からの帰り、小倉駅でおまえの死を知らされたけど、ホームで傍目もはばからず号泣したんだ。親の死に目に遭った時よりも、悲しかったよ、ログ。

知人の家から、夜、おまえを引き取る時、まだ、おまえの体は温かかった。それが、余計に私たちの悲しみを誘った。そして、おまえを車に乗せる時の重かったこと。相棒と無言で抱えて乗せ、闇夜の道をオロオロと帰ったよ。

お通夜には、たくさんの、おまえを愛する人たちが最後のお別れに来て、みんな涙してた。人間以上だったよ、おまえは。

なにもかもが、もう、夢のようだ。おまえは、登山案内犬でもあったから、大好きな山の一番見晴らしのいい場所に、等身大の記念塚を作ったよ。そこから、ログハウスをずーっと見守ってくれるようにね。登山者が、おまえに手を合わせ、おまえのことを尋ねるから、私たちは、鼻高々と、おまえを自慢してやるんだ。

もう、十年も経つんだねえ、おまえが天国に旅立って。早いものだねえ。あれから、他の犬を飼う気がしなくてね、ずーっと、おまえだけだ、永遠に。今でも、ログ、ログと呼べば、すぐに足下へ寄って来そうな気がするんだよ。そして、大きな、優しい瞳で、じーっと私たちを見つめて、「体だけは、気をつけてよ。ぼくの分まで、里山を守っていっておくれよ」と言うような気がするよ。

大丈夫だよ、いつも、おまえの体温感じてるもの、何が来たって平気だよ。最近ね、ウサギを三羽、野放しで飼ってるんだ。可愛いよ。おまえがいたら、きっと、目を細めて見守るだろうよ。背中に乗せてやってるかな。ログ、ログ、私たちの永遠の子ども、アイドル。今度会う時は、私たちが天国へ行く時かな。待っておくれよ、他の誰かの所には行かないでおくれよ。

くーちゃん

相葉　祥子

彼と付き合い始めて二年。

東京から、彼の実家がある群馬まで車を走らせた。

「手を出して」

実家で生まれたという仔猫、あきちゃんとはるちゃんを、ヒョイと抱かせてくれた。

軽くて弱々しくて暖かくて、愛しかった。

それから二年後、
彼が紙袋に仔猫を入れて、家に帰ってきた。実家の猫、あきちゃんが押入れで産んだという。模様は違うが、姿形が似ている。
痩せて小さいけれど、クークーと鳴き続けているサバトラ猫。

六畳で二人暮らしの、この部屋で飼えるのだろうか。

「くーちゃん」と名付け、早速病院に連れて行った。

目が青くて震える仔猫は、懸命にクークーと鳴き続ける。

「男の子ですね。健康状態も問題ないです。」と、お医者さんは太鼓判を押した。

ほっとひと安心。彼と顔を見合わせる。

ペットショップでミルクを買い、さっそく与えてみた。

哺乳瓶の口が取れるほど、勢いよく飲み干した。元気いっぱい。

男の子らしく暴れ、そのうちにタオルの上で寝てしまった。

アパートの管理人さんに猫を飼うことを許してもらい、狭い我が家で仲良く暮らした。

カーテンに登ったり、押入れに隠れたり、とにかく元気。おもちゃはすぐに壊れてしまい、靴紐と割り箸で即席の猫じゃらしを作って遊んだ。

寝るときは、私の股の間に丸まって、冷たくなった足を、私の太ももにピタッとつけてくる。ちゃっかりしている。

猫の飼い方がわからない私たちは、焼いたサンマや、皮を剥いたトウモロコシや栗を、欲しがるくーちゃんに、ほんのちょっと与えてしまった。

これが大間違いだった。

人間の食べ物を、狂ったように欲しがるようになってしまった。

茹でたささみを、毎晩少し与えるのが彼の日課となった。

あっという間に大きくなり、

私や彼、家に来る人たちみんなに可愛がられるくーちゃん。

五年ほど経ったある日、彼が家を出た。好きな人ができたらしい。

彼の帰りを待つくーちゃん。

彼の乗るバイクの音が、聞こえないか聞き耳を立てて。その音は、いつまで経っても聞こえなかった。

くーちゃんと私は、一人と一匹暮らしになった。

寝ても冷めても、くーちゃんと一緒にいた。仕事が遅くなる日もあって、かわいそうな思いもさせたのに、毎日グルグル言いながら出迎えてくれた。

寝るときは相変わらず私の股の間。

別れた彼は、度々部屋に訪れたが、泊まることはなかった。

それから三年、別れた彼はよりを戻したがった。一軒家を買い、一緒に住むことになった。そのことを知らないくーちゃん。

新居に少しずつ、荷物を送る。

六畳の部屋の荷物が減っていく。

くーちゃんが心配そうにすり寄ってきた。

この部屋で過ごす、最後の夜。私の布団と、くーちゃんのクッションだけになった。

くーちゃんは居心地悪そうにクッションに座って、不安げにこっちを見てる。吹き出しそうになった。

引っ越し当日、くーちゃんを車に乗せて、新居に向かった。

猫は場所が変わるのを嫌うと聞いたので、少し心配になった。新居は気にいるだろうか？

新居の扉を開け、くーちゃんをケージから出してみた。

くーちゃんの顔が、パァっと明るくなり、一階から三階まで、くまなく探検した。

大好きな彼の膝の上で、満足そうに毛づくろいした。

それからのくーちゃんは、とても幸せそうだった。昼間は三階の日の当たる部屋で熟睡し、夜は私と彼に遊んでもらい、週末になると来客があり、みんなに可愛がられた。

甘えっこで人懐こいくーちゃんは、人気者だった。


くーちゃん、十二歳のある日。

彼が、仔猫をポッケに入れて帰宅した。

くーちゃんは、「それは何ですか⁉」

という顔をして、私と顔を見合わせた。


中央分離帯で車に轢かれそうになっていた、その仔猫は、小さくて汚くて震えていた。

くーちゃんはフーフー威嚇したが、仔猫は動じなかった。

お風呂で綺麗にして、仔猫用のゴハンを与えると、ゴハンに足を突っ込んで食べた。

おなかが空いていたのか、くーちゃんのゴハンも食べた。

くーちゃんに妹ができたのだ。

くーちゃんの心境を思うと、少し心が痛む。


くーちゃんの妹は、リリーと名付けられた。フワフワでコロコロしていて、美猫だった。

リリーは気が強く、くーちゃんは足を噛まれたり叩かれたりしていた。

優しいくーちゃんは、決してやり返さなかった。ちょっと迷惑そうに鳴くだけ。

そんな二匹の関係は、微妙だった。

週末に来客があり、みんなでご飯を食べていた。

宴もたけなわになってきたところ、
リリーが来客者の膝に座ったり、降りたりして遊んでいた。またよじ登ろうとテーブルに手をかけたところ、テーブルの引き出しに手を挟み、ギャーと大声をあげた。少し挟んだだけなのに……

その瞬間、くーちゃんがすごい速さで飛んできた。すごい形相で来客者の足に噛み付いて、離さなかった。

……来客者が、小さなリリーをいじめたと思って、守りにきたのだ。

くーちゃんの男気を、感じた。（勘違いだけど……）


それから三年、二人と二匹、賑やかに暮らした。

くーちゃん十五歳、持病の腎臓疾患もあり、しばらく前から排便排尿が困難になり、体温調節ができなくなり、毎日玄関から動かないようになっていた。

お医者さんは、年齢のせいですと言った。

薬と点滴しか治療のしようがなかった。

腸が腫れ、おなかが膨らんでいた。

それでもゴハンが大好きなくーちゃんは、
消化できないご飯を、一生懸命食べようとした。

真夏のある日、くーちゃんは私たちの腕の中で亡くなった。


悲しくて悔しくて、私と彼はしばらく立ち直れなかった。今でも思い出すのが辛い。

悲しい気持ちを上回るぐらい、感謝の気持ちが湧いてきた。
私たちの家族になってくれて、本当にありがとう。

今、リリーは元気に暮らしています。
短い命だとわかりつつ、愛情を注ぎます。
大切な、大切な家族です。

ネコのフン、ふんじゃった

西原　光郎

五年程前にカミさんがもらってきた猫は、背と尻尾がグレーで薄い縞があり、腹や足先が白いどこにでもいる普通の猫だ。おそらく世界で最も多く見られる種類だが正式な種名を聞いたことがない。うちではニャ太郎と呼んでいる。

もらわれて来た時は、小さなフルーツバスケットにすぽりと入る可愛い子猫だった。下のしつけはしなくても最初からネコ砂を敷いたトレイに大小ともしていたので世話はあまりかからなかった。以前飼っていた犬は二匹とも最初は所かまわずやっていたので始末が大変だった。猫は犬より神経質で、決まった場所でしかしないし、した後も丁寧に砂を掻いてかぶせる。ニャ太郎はしつこいほどかぶせる。時にそれだけでは気がすまず、近くにあったビニール袋をかぶせてあったこともある。最近になってなぜか大と小を別々の場所にするようになった。大は今まで通りネコ砂の上にするのだが、小はキッチンの隅っこでするようになった。いくら叱ってもそこでするので仕方なくもう一つトレイを置いてペットシートを敷いている。以前より手間がかかる。

ずいぶん生意気になったもんだ。

今朝もトレイにニャ太郎のフンが見えかくれしていたが、少し急いでいたので帰ってから片づけようと思ってそのままにして出かけた。帰ってくるとやはりそのままの形状で残っていた。近頃ニャ太郎のフンの始末はもっぱら自分の仕事になっていた。ペット用の小さなスコップでネコ砂の中からフンを掘り出しペット用ティッシュの上にそっとのせてトイレに流す。気のせいか今日は何となく量が少ないなと思った。夕飯をすませるとカミさんが炬燵で縫い物を始めたので、じゃまにならないよう炬燵の向こうを回って入ろうとしたその時、何かを踏んだ。消しゴムか？　イヤもっと柔らかいモノだ。長さにして約三センチ、直径約一センチ弱、限りなく黒に近い茶色の、乾燥し始めた粘土状のモノ。そんなものがワケもなく絨毯の上に転がっているはずもなく、それはまぎれもないニャ太郎のフンだということを頭が察知する前に、足の裏が感知し、反射的にカカトを浮かせたが、残念なことにそれは全体重がかかった後だった。

「エゲッ」、「エッ、何、どうしたの？」「ネ、ネコのフン、ふんじゃった」

「ワッ、チョッ、だめよっ動いちゃ、そのままっ」、カミさんの鋭い命令に間抜けな顔でフリーズする自分。爆弾処理班の心と化石発掘班の手際で、慎重かつ迅速だが、亭主の汚いカカトより安物の絨毯の汚れをあからさまに嘆くカミさん。出窓に寝そべり、冷やかな眼差しでそれを眺めているニャ太郎。

鳴呼、なぜこの一切れだけが単独で……。執拗に砂を掻くニャ太郎の前足に蹴り飛ばされたものか、それとも毛玉を吐くために喰ったネコ草の繊維のせいで、ちぎり切れなかった最後の一切れをお尻からぶらさげたまま歩き回った末ポトリと落としたものなのか、あるいはキッチンの隅っこでオシッコをする度に、気安く頭をポカスカ叩かれることへの腹いせなのか、それはニャ太郎だけが知っている我が家の小さなミステリーである。

甘えない犬

椿　めぐみ

甘えない犬だった。雑種という自分の分際を知っている犬だった。

庭の片隅にある犬小屋の中で、夏も冬も健気だった。

朝夕の食事と散歩、そして「ネルちゃんはかしこいね」の家族からの言葉、それだけで良しとした、白い雌犬だった。

室内で飼われる犬のいることなど、知る由もなかった犬だった。


犬の名前はネル。由来は、よく眠る犬だったからである。

ソフトバンクのコマーシャル犬にそっくりと、小学生たちに人気だった。

尻尾がちぎれるほど振って喜ぶのに、頭を撫でられたり体に触れられるのは嫌いだった。

トイレの時は、少し上目づかいのうるんだ目で、私を見上げては、恥ずかしそうに用をたした。雑種としての謙虚さ、可愛さを持った犬だった。

もっとも雑種といっても紀州犬の血が混じっているので、太くて丈夫な足を持っていた。人間も犬も、健気に聞き分けが良いというのは、実に始末が悪い。聞き分けが良ければよいほど、健気であればあるほど、そう仕向けてしまったことに罪悪感のような気持ちが湧いてくる。

ネルはそんないじらしくも元気な雌犬だった。


一昨年の春、日向ぼっこ仲間だった私の母が亡くなって、急にネルは弱った。まず後ろ足が駄目になった。それでも弱音をはかず、散歩を待ちかね、びっこを引きながら大和川の土手を歩いた。

ある日、電話がなった。近所の人からだった。

「ネルちゃんに似た犬がすごい勢いで走り回っているの。でもネルちゃんは足が悪いしね。でも、そっくりなの。まるで白い狐が飛んでいるような走り方よ。疾走って感じ。まさかと思うけれど、ネルちゃんがいるかどうか、確かめてみて。似た犬が走っていた所は、公園から大和川への道よ」

慌てて庭をみると、椿の根元に置いてある、赤い屋根の犬小屋は空っぽだった。鎖をつけたまま脱走したのだ。

近所の人達と夫、私の五人で、ネルを探し回った。ようやく探し当てたとき、ネルは川原の土手を飛ぶように走っていた。鎖をジャラジャラ鳴らせながら、楽しくて仕方がないとばかりだった。捕まえるのに苦労する程だった。まるで私達とネルとの鬼ごっこ。

そんな犬を祝福するように、陽ざしが白い肢体に降り注いでいた。

それが最後の勇姿だった。

以来、両の後ろ足はその機能を失ってしまった。あんなに飛び跳ねたのが嘘のように、ダランとぶらついている。

それでもネルは這って餌を食べ、水を飲む。私は中腰で、前足だけで踏んばる犬と一緒に歩く。もはやそれは散歩ではなく、地面を這っているだけ。それでもネルは日課を欠かさない。

真っ白だった毛並みは、ずいぶん薄汚れてしまった。

どんなにボロボロになっても、ヨレヨレになっても、健気な犬は最後まで健気だ。私に愛想をする。そして生き抜く姿を見せる。弱虫な私に教えるように。

「いいこと、生きている間はね、どんなに辛くても苦しくても生きるのよ。私の最後の頑張りをしっかり見ていて。犬だってこんなに頑張れるんだからね。この頑張りは貴女への、私からの最後のお礼」

とでも言っているのだろう。

涙が流れる。


荒い息遣いに、ネルのお腹は激しく上下に波打っている。

あんなに触られるのが嫌いな犬だったのに、いま私は頭と言わず背中と言わず足と言わず、さすり続ける。もう少しでネルは二十年を迎える。人間でいうと九十四、五歳だ。

「よう歩いた足やったねえ、丈夫な足やったねえ……」犬は紗がかかった灰色の、もはや見えなくなった目で、虚空の一点を見つめている。私の声を見つめているのだ。

ふいに三十年も昔の、父の言葉が思い出された。

亡くなる一ヶ月ばかり前のことだ。

無邪気に私は聞いた。

「お父さん、もし願いがかなうとしたら何が一番してみたい」

即座に父は答えた。

「思いっきり走ってみたい」


昨年の八月七日、午前十時十五分。

私と夫に頭を撫でられながら、ネルは最期の時を迎えた。

小さな痙攣が起きて、ネルの尻尾が揺れた。左右に五、六回、振るように揺れた。それは「サヨナラ」の挨拶に思えた。

……走る力が残っているうちに、思いっきり走りたかったんだね。思いっきり走れて良かったね。気持よかったねえ。楽しかったねえ……

今年の春、庭の片隅の椿は狂ったように咲いた。ネルのいた場所は桃色一色になった。根元には、ジャラジャラと高い音を立てながら、ネルと一緒に川原を走った鎖だけが残っている。

私は根元につないだ鎖を外さなかった。

自慢の茶々丸へ

仁庵

茶々丸、チロでしょ？　子供の頃、家にいたアイヌ犬、チロの生まれ変わりでしょ？

パンケーキ色の白と茶の短い毛並み。
ずんぐりした少し短い手足。
猫にしては太すぎる首。
太くて短いしっぽ。
ケンカっ早いけど、親分肌で面倒見の良い大らかな性格。
そして何より、その目。真っ直ぐに私を見る、遠い記憶と同じ、その瞳。
犬か猫かの違いだけで、顔も姿も性格も瞳も、そっくりそのままだもの。

野良猫だった茶々丸。もっと早く、うちの子にすれば良かった。

あんまり懐くのが早くて、あんまりお行儀が良かったから、てっきり他所の家の飼猫だと思っていたの。

地肌がハッキリわかる程、毛が抜け落ち、ケンカ傷で、頭皮がズタズタに切り裂かれた姿で『助けて！』と、すがる目で現れるまでは。


私を信頼して、動物病院へ連れていく為の間に合わせの旅行バッグに、おとなしくスッポリ入ってくれて良かった。

あのままだったら……考えたくもないよ。

「うちの子にします。何としても治して下さい」

そう言った時、動物病院の先生の
「この子は運をつかんだ！」

天に向かって叫んだ、その姿と声が今だに、目に耳に、焼きついているんだ。

小っちゃな手に運をつかめなかった子達を、この先生は、どれだけ見てきたのだろう？

先生、張り切って、腕によりをかけて手術してくれたんだよ。

入退院を七ヶ月も繰り返したけど、きれいな姿に戻って、元気になってくれて良かった。

長い長い入院。何度もの手術。よく頑張ったね。

朝、昼、晩、一日三回お見舞いに行かないとスネちゃうの、可愛いかったよ。

長い日数と、野良と思えない、と言われた大らかな性格で、すっかり病院のアイドルになったね。


我家にも慣れてくれて、すっかりうちの子になってくれて、本当に良かった。何たって茶々丸との毎日は、とっても楽しいもの！

夜寝る時は必ず別なのに、朝になると必ず私の腕を枕に寝ていて、ふんわり柔かい感触と、身動きのとれなさで目覚めるのは楽しいよ。

外出時にスネるのも、帰ってくると、大急ぎでお出迎えしてくれるのも、可愛いくて嬉しいよ。

庭掃除する時、いつも傍で応援するかの様に、ちょこんといる姿、とても可愛いって近所で評判だよ。

近所の飼猫達からも兄貴分として頼られて、こちらが感心するぐらい面倒見が良くて。

私達夫婦、自慢の猫息子！


思ったより長かったらしい野良時代の苦労で、年寄り猫じゃないのにキバは無いし、歯も半分無いし、動かない指、無い爪、動かない爪が何本もあるし、原因不明のひどい貧血で、もしかしたら長生きは出来ないのかもしれないけど。

一緒に暮らして、今年で丸五年。
これからも一日でも多く一緒に暮らそう。
ソファの場所取り合戦しよう。
一緒にテレビを観よう。
一緒にゴロゴロ、お昼寝しよう。
一緒にサーモン、食べよう。
一緒に窓辺で気持ち良い風に吹かれよう。

前世（？）のチロの時、いろんな事情で短命に終ってしまって、とても悲しかったよ。
三日間、泣き続けたよ。
今度こそ、一緒に楽しく暮らそうと、生まれ変って来てくれたんだよね？
のんびり暮らせば、きっと長生き出来るさ。
子供のいない私達夫婦にとって、茶々丸、君は息子。可愛い茶々丸は家族の一員。
大切な宝物だよ。

日常―ふわわ編―

上野　春香

ライオンラビットって、聞いた事ありますか？

うさぎなのにフサフサのたてがみを持つ品種なんです。そんなライオンラビットのふわわが我が家に来てからもうすぐ三年。


ペットをお迎えする時は下調べ（例えば飼育にあたって必要な品、そのペットにとって適切な室温・湿度、月々のエサ代、ケージの置き場所等）をし、本当に飼えるのか、最期まで面倒を見られるのか家族会議を繰り返して何日も悩むべき事なのに、いやきっとそうですよね。

それなのに我が家は即決。いや、ペットショップで出会ってから一度帰宅したものの、ネットでライオンラビットの画像をひたすら検索しさんざん閲覧し、出した結果が

「そうだ、ライオンラビット飼おう」

ものの一時間で再度あのペットショップへ、店員さんに「この子が欲しいんですけど」と。そしていざお迎えとなったら必要な、ケージやらトイレやらエサやらわんさか。そうよねーいろいろ必要よねーとお財布の中を確認していた私です。

さて、そうしてめでたく我が家の一員となったライオンラビット。初日から、かわいいかわいいとなでくりまわされ写真を撮られアイドルそのもの。それでも元気一杯で、ごはんもモリモリ食べる健康優良うさぎです。

そしてその夜は家族会議。議題はもちろんうさぎの名前です。今私が覚えているだけでも、プリン、ココア、こむぎ、これらはうさぎの毛色が茶と黒な事に由来。そして一枚の写真の表情がよく似ているからと私のイチオシで、マエケン（メジャーリーガーの前田健太投手）等々沢山出たものの決定には至らず翌日へ持ち越しとなりました。

そんなこんなで翌日、今日も朝からうさぎとたわむれていた我が家の次女が一言、

「ふわふわだから『ふわわ』は？」

それを聞いた家族全員一致でこれまた即決（笑）目出たく命名『ふわわ』。

どうです。かわいすぎるでしょう。


ところで、下調べゼロでふわわをお迎えしたのが二月。うさぎを飼育する際の適正温度

はほぼ人間と同じ、という事は、人間が寒けりゃうさぎも寒いはずで、後日ペット用マットヒーターを購入。夏になれば暑いのもまた人間・うさぎどちらも同じと、こちらも冷感マットを購入。更にエアコンつけっぱなし。つめ切りは三ヶ月が目やすで近くのペットショップへ（いつもお世話になっております）。

食はというと、人参は葉を好んで食べ、本来食すべき下の部分は好きじゃない。キャベツよりもレタスが好きでリンゴも好き。だけどバナナは別格で好き。チモシー（牧草）だってあのメーカーのがいい!!　と。

なんて良い環境。ちょっと女王様が過ぎませんかふわわさん。

ところで、うさぎに表情なんてあるの？　感情ってあるの？　とお思いの方はおりませんか？

そんな事はございません。うさぎだってすごいんだぞ。

てなワケでここからは私が勝手に選んだムネキュンシーン。三つには絞れなかったのでベスト5でご紹介したいと思います。

（ドラムロール）

第5位　なでなでして

ケージを開けた際やうさんぽ（部屋中を気ままに散歩）中、家族の側へ来て頭を低くして「なでなでして」のシーン。

はいはい、いくらでも満足ゆくまでなでなでますよ。

しかし以前、深夜帰宅した私がケージを開けるとふわわはめんどくさそうになでなでポーズをとり、数回なでると「もう気が済んだでしょ」とでもいう様にさっさと私に背をむけてケージの奥へ戻って行った事がありました。しゅん。

気を取り直して

第4位　（ドラムロール）　耳なでなで

実は無臭なうさぎ。元々は敵に匂いで居場所がバレない為なのですが、よく全身をペロペロ舐めています。耳もするのですが、普段はぴんっと立っている耳を両前足で下へ垂らしているシーン。

若い子は知らないと思いますが、「ティモテー」のあの姿ですよー。キャー！

第3位　（以下同文）　ねえねえ

私がケージの掃除をしていると、うさんぽ中のふわわが前足で背後からカリカリ、前歯でカミカミ。「ねえねえ、あたしをかまってよー」と必死で気を引こうとしてるシーン。

んもう。かわいい奴め。

変わり種として、息子がしているDSの画面をのぞき込んで、「ねえねえ、それっておもしろいの？」など。

第2位（以下同文）デロン寝
これはその名の通り、足の先から頭の先まで体をデローンと伸ばして寝ている。または今から寝ますよのシーン。
睡魔と戦っても負けてしまう姿がとってもかわいいのです。

いよいよ
第1位（ドラムロール長め）水を飲む
栄えある第1位に選ばれたのは、給水ポットから水を飲むシーンです。
ケージの外側から内側へと取り付けてある給水ポット。そこから水を飲む時、ふわわは前足をヒョイとケージに乗せてコキュコキュッと飲みます。
その時の前足の置き位置や、斜め右下から見上げた時の白いたて髪や胸元、小さな舌を上手に使っている姿がとってもとってもキュンキュンしちゃうのです。
いかがでしたか？　私が勝手に選んだムネキュンキュンシーンベスト5。
ああ、想像するだけでキュン死しそうです。はぁ。

でも時々、ふと考える事があります。

ふわわは我が家に来て幸せなのだろうかと。要らぬストレスをかけてやいまいかと。

問いかけても返事はないけれど、かわりにその大きな瞳でじっと見つめて、顔をこちらに近づけて、鼻先をクンクンさせてくれるのが、「あたしはそこそこ幸せですけどー」と言っている様に私の脳が変換したのでとりあえず「マル」と。

おしまいに。

ふわわ、今まで我が家に沢山の笑顔と幸せをありがとう。

これからもみんな一緒に変わらない日々を過ごしていこうね。

本当に　大好きだよ。

オウムの美学

福路　みわ

私はオウムである。名前は「おーちゃん」。女なのに「おーちゃん」。オウムだから「おーちゃん」だと私の飼い主がつけた。なんと怠慢な。もう少し考えて女の子らしい名前をつけて欲しかった。

夫婦二人のこの家に来て、もう十年になる。私は九才になった。といっても私達オウムの寿命は約三十年であるから、今は人間でいったら二十才頃。現役バリバリ、女盛りである。

私がオウムとして子供の頃から心がけていたことは、なるべく人の言葉を覚えるということである。
※オウムの美学その一・「人の言葉を覚える」
といっても私は「タイハクオウム」。その名の通り全身真っ白なわけだが、この種のオ

ウムはおしゃべりがあまり得意ではない。おしゃべりよりもスキンシップが好きだ。けれども、オウムである以上、人間は私に期待する。しゃべれと。私としても少しは言葉を覚えなければオウムの名がすたる。私にだってプライドがある。てなわけで、頑張って覚えたのがいくつかの言葉。「オハヨー」「コンニチワ」「オイシイヨ」「ヨイショ」「オーチャン」。これが私の精一杯。飼い主はもっと私に言葉を覚えて欲しい風だが、これだけしゃべれば充分だろう！　文句あっか！　満足しろ！　それでもたまに頭の中がこんがらがり、「オハヨー」と「コンニチワ」が合体し「オハニチワ」となってしまうことがある。すると飼い主は何故か大ウケ。そんなに嬉しいのならと、たまに「オハニチワ」と言ってやることにしている。

しかしこのおしゃべりも、初めの頃は私がしゃべるたび飼い主は大層喜んでくれたのに、近頃ではもう慣れたのか、飽きたのか、私が「オハヨー、オハヨー！　オハヨー!!」と叫んでも知らん顔。時には「うるさい！」と怒鳴られたりする。人間というヤツは勝手な生き物だ。そのくせ、私をどこかへ連れて行った時、もの珍しそうに近寄ってきた人間に「オハヨー」「コンニチワ」と言ってやると、飼い主はやけに誇らし気である。そして猫なで声を出して私を褒める。誠に人間というヤツはしらけてしまうほど勝手な生き物だ。

さて、私はオウムだ。犬は「ワンワン」、猫は「ニャアニャア」、小鳥は「チュンチュン」、カラスは「カー」。オウムの鳴き声を皆さんご存知だろうか。おそらくあまり知られていないのではないだろうか。それは、「ギャーーッ!!」である。しかも私は声がバカデカイ。専門書には「オタケビ」とか「絶叫」と書かれているそうだ。私の飼い主はそのことを知らず、私の外見だけに惹かれて（私はかわいい）私を購入した。私はお店の環境に飽きてきていたからちょうどよかった。それに、なんだか優しそうな女の人だったから、思いっきり愛嬌を振りまいて猫を被りながらこの夫婦の家にやって来た。しかし、夕方になるとどうにも体がうずいてしょうがない。私達オウムは夕方にオタケビをあげる習性があるのだ。我慢に我慢を重ねて、ついに我慢しきれなくなり、やってしまった。

「ギャーーッ!!　ギャーーッ!!　ギャーーッ!!」

外見からは似ても似つかない声に、飼い主は驚きたまげた。けれどもどうにも止まらない。このオタケビ（絶叫）は一度始まるとなかなかブレーキが効かない。既に飼い主は両手で耳を塞いで顔をしかめているが、あぁもう、どうでもいい。どう思われたってかまわない。やはりこれをやらねばオウムの名がすたる。あぁ爽快！　あぁ快感！　あぁ満足!!

以後、飼い主は耳栓を買って来たようだが、そんなの役に立つわけがない。すぐに諦めたようだ。私の仲間達の中には、この声が原因で里子に出された者もいるらしい。私もそうなったらどうしようと思うが、習性なのでしょうがない。この快感はやめられない。その時はその時だ。

※オウムの美学その二・「オタケビは誰に遠慮することなく思いっきり豪快に」

ところで、私ももう九才である。冒頭でも話したが、九才といったら人間でいえば二十才頃。お年頃なんである。なので私は男が欲しい。恋をしてみたい。けれども私は飼い鳥である。自由に男を選ぶことが出来ない。で、どうなったかというと、いつのまにか飼い主に恋をしてしまっていた。この夫婦のおばさんの方にである。オヤジの方には全く興味がない。つまりこのおばさんが私の「男」だ。しかもこのおばさん、毎日のように交尾をしてくれる。私を抱っこして背中をナデナデ。私達雌鳥は、背中に弱い。鳥の交尾を思い浮かべていただけたらお分かりだろう。背中をあんまりなでられるとなんだか興奮してきてしまうのだ。これは本能なのだからどうにもならない。

そのことを知ってか知らずかこのおばさん、頻繁に私の背中をナデくり回すものだから、私はたまんなくなって身悶えてしまう。おばさんの腹の上に乗せられて念入りにそれをやられると、腰が抜けてしまう。そうなるともう、恥も外聞もない。「ハッハッハッハッ」と息を荒げ、思いっきり興奮してしまう。「あぁ！　もうやめて！　どうかなっちゃう！」と思うほど、おばさんはよほど暇人なのか、私と交尾してくれる。そう、「交尾」なのだ。好きな人に愛されるって、この上なく幸せ。女、冥利に尽きる。私はおばさんにゾッコンになった。

そうなると、家の中にはライバルがいっぱいいることに気づいた。私は極度なやきもちやきなのだ。

テレビ、本。そんなもの見てないで私を見て！　携帯電話。そんなものいじくってないで私をいじくって！　鏡。自分の顔見つめてなんになるの？　それより私を見つめて！　電子レンジ。「ピーッ」という音が鳴るとおばさんは嬉しそうに中を覗きこむ。私の顔を覗きこんで！

おばさんの気を引くライバルは他にもいっぱい。ペン、リモコン、車の鍵……。中でも一番のクセモノは「オヤジ」。このオヤジが夜になって帰って来ると、おばさんはオヤジのためにご飯を用意したり楽しそうに話をしたり、時にはいちゃついていたりして、あぁもう気が気じゃない！　私は居ても立ってもいられなくなり、ゲージの中でおもちゃを振り回して一人暴れる。

一度、隙を狙ってオヤジの〝くるぶし〟に食いついてやったことがある。足から血を流しながら、オヤジはゆでタコみたいな顔になってヒーヒー痛がった。ところがである。どうだ、これで私の勝ちだ、と思ったのに、おばさんから散々怒られるハメになってしまった。

「なんてことするの！　一体誰のお蔭で食べていけると思ってるのーーっ！」

……何をしても勝ち目がない。ならばと、たまごを産んでやった。私とおばさんの愛のたまごである。これならおばさんは私だけを見つめてくれる。今度こそおばさんを一人占め出来る。と思ったら、慌てたおばさんに病院に連れて行かれ、散々な目に合った。それでも私はめげず、それから続けて四つのたまごをポコポコ産んだ。

※オウムの美学その三・「恋は盲目。ＯＮＬＹ　ＹＯＵで一直線」

まぁ、こんな感じで、私はマイペースで生きている。適度にしゃべって、オタケビをぶっ放し、脇目も振らず恋をする。我ながらいい人生である。

あなたの人生のお共に、コンパニオンバードなる「オウム」はいかがだろうか。

「オウムを飼うのはＯｈ！　難しい！」と思われた方もいるだろうか。

川のほとりで

黒沢　はる美

姪から、新しい犬を飼う事になったと知らせが入った。今度は小型犬だそうだ。もう最後の犬かもしれない、とメールに照れ笑いの絵文字が入っていた。いいな、いいな、と打ち返した。

私は……。もう飼えない。歳だもの。

今になって思うと、いつまでもぐずぐずしていたい怠け者の私が、どうにか人並みにやってこられたのはペット達のお陰だったような気がする。

二十年も前、訳あって山間の川のほとりに移り住んだ頃、私はまだ人生半ばでありながら、その川にいつ飛び込んでもいいような心持だった。

そんな頃、子犬が十匹も産まれて引き取り手がないと姪から電話があり、それじゃあ見るだけでも、と、取りあえず行く事になった。

湘南の瀟洒な家のリビングに、誇らかに乳を含ませるゴールデンレトリバーの傍らの子犬達は、どれも皆真っ黒。

いえね、由緒正しい許婚がいたんだけど……姪は肩を竦めながら乳に有り付けずにウロウロしていた紺色のリボンを付けられた一匹を抱き上げ、言った。

四番目に産まれたこの子はね……トロくていつもマイペース。

産まれた順に色分けされた黒い塊を見て、咄嗟に私はこの子となら暮らせるかもしれない、と思った。

トロと名付けた。本当はコンと呼びたかったが、どう見てもその響きのような凛々しさは無かった。


とにもかくにも私の生活は一変した。

朝の散歩に早起きし、餌代の為に仕事に精を出した。

彼の有り余るエネルギーを発散させるべくワゴン車を買い、近くの山や遠い旅にも出た。

小まめにキッチンにも立ちだした。使った後の鍋に、野菜くずや出汁殻、ご自由にお取り下さいと書いてあったスーパーの牛脂、仏様にお供えした後の硬くなったご飯等を煮る。

微かに残るおかずの匂いにトロはうっとりした。

出かける時はファッションにも気を配り、優雅な笑みも浮かべられるようになった。手入れされ、綺麗なお洋服を着た犬の飼い主達に警戒されない為だ。いくら洗っても納豆臭く、のそのそと歩くトロが近づくと、たいていの飼い主達は自分の犬をそっと抱きかかえる。犬友にはなれなくても、私を見ると安心したように笑みを返してくれた。

おまけに、ある旅先で、トロが見つけた捨て犬を拾って来たものだから、私はますます川に飛び込むどころではなくなった。


その犬は、山口県の日本海に面した阿川と言う町の草むらをねぐらにしていたから、アガワと命名した。

おでこに蚤が走る顔で、いい子にしているから連れてってとトロから一時も離れなかった。あの草むらには金輪際帰らないというような必死さだった。

帰りの長い車中でも、途中で置いてけぼりをくわないように、借りてきた猫のように大人しくしていた。

二匹は何もかも対照的だ。

黒と白。大と小。のんびり屋と臆病者。熱がりさんと寒がりさん。

熊とバンビのようだった。

忘れられない情景が二つある。一つは河原での事。

トロは真っ先に川に入り、悠然と泳いで対岸に渡る。アガワは草むらで飛び跳ねていたいところだが、仕方なくトロの後を追う。でも流されてどの岸へ着いていいか分からない。それを見たトロは猛然と水に飛び込み、アガワを庇うように岸へと誘導する。流れに乗りながら慎重に着地点を読む姿は水の王者だ。泳げるのは自分ひとりとでも思っていたのだろうか、私が川に入るのさえ、咬み付かんばかりに吠えて止めた。頼もしく男らしいトロの唯一無二の変身だった。

もう一つは家での事。

トロが横たわるとアガワは後ろむきのまま後ずさり、チョコンとトロの上にお尻を乗せる。

トロは座布団代わりだ。

アガワが猫を被っていたのは、あの車中だけで、本当は大変な内弁慶だったのだ。

そうしたまま二匹がまどろむ姿を見られる私は幸せだった。

しかし、老いは、私にも犬達にも確実にやって来た。

どんどん変わっていくトロをアガワは必死に舐めて励ました。もう座布団にはしない。

痛む腰を屈めてオムツを変える私に、助けてやってねと気兼ねしながら訴える。

腰バンドでやっと歩行するトロと、ふら付きながらそれを持ち上げて歩く私にアガワは辛抱強く寄り添った。

トロが居なくなるとアガワも同じ道を辿った。

体重が軽い分、体力的には助かったが、痴呆が入った分、精神的に参りそうになった。

夜昼が逆になったり、同じ所をぐるぐる回る。撫でてやっても、自分の殻に閉じこもったアガワは心を開かない。

そして、ある日、忽然と消えた。もんどり打ってばかりで歩けるはずのないアガワが消えた。拉致されたとしか思えない状況だったが、結果は川に横たわっていた。水鳥のように細く長くなって。

故郷の海に帰りたかったのだろうか。トロと一緒に泳ぎたかったのだろうか。


私のペット達は川のほとりに眠っている。

すっかりものぐさに戻った私は、ぼんやりと窓越しに目を遣る。

川風が葉裏を翻し、こっちにおいでよと誘っている。

姪と新しい犬の弾けるような声が聞こえたようだった。

水瓶の中

根井　澄男

古稀の記念だ、と妻を納得させて、二体の瓶を骨董市で買ってきた。

家の中に置いてわび錆びを眺めるはずの瓶は、家内争議で勝利することなく庭に置く羽目になり、なんとはなしに時折は眺めていたが、日を過ごし、月が経ち、苔むしたその姿は廃棄処分の廃材のように、ただ黙って文句も言わずに静かに庭の欅の木の下に鎮座していた。

水温む桜の咲くころ、瓶の中に蓮を植えて眺めようと思い立ち、苔むした瓶を二年振りに額に汗して擦って洗って掃除した。

スッキリと息を吹き返した瓶が「ありがとう」と喜んだような気がした。

さっそくホームセンターに行き、花色の違う蓮の苗を三本ほど買って来て瓶の中に畑の土を入れて植え込み満水した。もう、瓶ではなく水瓶へと変貌した。

それからの日々は、好きになった女性に逢いたい青春の少年のような気持ちで、朝な夕な繁々と足を運び、瓶の中の蓮の成長を観に行くが、蓮の苗にその変化はほとんどなく、植えたときのままである。春の長雨の日々に、縁側から眺めるくらいで、見に行くのも薄れかけていたある日の夕刻、久しぶりに高校時代の友がふらりと我が家を訪れた。

友は来るなり「これは土産じゃ」と、菓子折とは別に、ペットボトルを差し出した。よく見ると、その中になにやら黒いものが動めいているのが見えた。

「なんだ、これは？」と聞くと……。

「忘れたのか。お前が欲しがっていたメダカじゃ。俺も忘れていて、今日になった」と言うではないか。想い起せば、今年の一月、同窓会のときにそのような話をしたことを思い出した。

友はそのときこう言った。

「メダカは良いぞぉー、小さな体で懸命に生きようとするその健気さは、なんともいえん」と。

それからしばらくメダカ談義を聞かされて、今度持ってきてやるからお前も養ってみろ、と言ったことを……。友はその約束を守るために、今日メダカを土産に我が家にやってきたのだ。

「……そうかぁー、すっかり忘れていた。飼い方を教えてくれ」今まで犬や猫は飼ったことはある。メダカは勿論知ってはいるが、養うのは初めてである。友は、ゴソゴソとポケットの中からメダカの餌を取り出した。飼育用に、と万全に用意して持ってきてくれていた。用意周到なのは友の昔からの性格そのままである。

時々は遊びに来る友は、ちゃんと覚えていた。我が家の庭に二体の瓶がある事を……。

連れ立って庭の瓶の方へと足を運ぶと、

「これじゃ、これじゃ。ほーぅ、これは良い！　蓮を植えたのか？　これは良いぞ！　最高の飼育場じゃ。メダカには水瓶が一番じゃ」

と感嘆の声を出して、しばらくの間連なって水瓶の中を覗いていた。そこには、友と我の老いた顔が鏡のように映っていた。数日見なかった水瓶の底に、数本の赤茶けた蓮の茎が伸びていた。友は庭に止めた車のドアを開けると、サミット袋を持ってきた。中にはホテイ草が入っていた。何からなにまで万全な土産である。

「桜の咲くこの時期になると、産卵期に入る。これを入れておけ！　明日からさっそく産卵が始まるはずじゃ。この髭根に卵をつける。そのままにしておくと親が食ってしまうぞ」

そういって、この後の作業手順を丁寧に順序よく話すと、友は帰って行った。今日の友の訪問は、何年振りかで小学生が先生から理科の授業を受けているかのような時間であった。

次の朝、春が来たとはいえ未だ冷たい水瓶の中、メダカたちの行動は鈍い。餌を手で摘まみ、パラリと水面に蒔き、しばらく息を殺して見詰めているが、いっこうに姿を現わさない。

午後、春陽に照らされた水瓶の水面が金色に染まった時刻、ウジャウジャと水面に浮いて来て餌を啄んでいる。近づいた我が姿を察したのか、一斉に水面からその姿をくらました。のぞき見るが、水瓶の中は暗い闇である。ホテイ草は動かずに元のままの姿勢で浮いていた。手に取り髭根を見てみると、金色に輝く小さな球粒があちこちについているではないか。教授を受けた通りに、容器にひとつずつ採って入れたその数は、およそ三十個余りである。

それからの日々は、連日卵の採集作業が続いた。日を追うごとに、卵を入れた容器の数も増えて行く。十日が過ぎた頃、最初の産卵から三日分を入れた容器の中に、稚魚が誕生し、懸命に泳ごうともがいている。なんとも微笑ましいその姿に、時を忘れて見入っていた。

次の朝、容器に入れた最初の卵のほとんどが孵化したのか、その数はおいそれとは数えきれないほどである。

「産まれてすぐには餌などやるな。ほとんどみんなはこの時点で殺してしまうのだ」

彼の教授を守り餌はやらないで三日がすぎたが、大丈夫だろうか、と腹が減っているのではなかろうか、と不安はつのる。この時点で次の容器にも稚魚がウジャウジャ孵化し続けた。もう、狼狽え始めた我は、友に電話した。

「そうか、孵化し始めたか。だったら、大きな容器を用意して畑の土を入れ、水を溜め入れて、次の日孵化した稚魚をその中に入れろ。餌はやるなよ。十日が過ぎたらチョロッとやれ！」

もはや友は、我にしてみればメダカ飼育の師匠である。指示通りに大きな容器を準備した。

広々とその生活圏を広げた稚魚たちの、チロチロと競い合って泳ぐその姿は、まるで幼稚園児のお遊びそのままである。鬼ごっこか、はたまた運動会なのか、中央にいたかと思えば容器の端っこに連れ立って泳ぐ。見ているだけで退屈はしないその様子に、時の経つのも忘れる。

一方水瓶を覗いてみれば、成長してすっかり大人になったメダカたちが、恐れもせずに我を見詰めているではないか。飛びだしそうな眼玉を一斉に向け「餌ちょうだい！」と強請るかのように我を見て、「子孫はちゃんと育てているか？」と一匹が尋ねた気がした。

こうなると、餌をやるしかないと、ひと摘まみパラリと水面に落すと、体の割には大きな真一文字の口を丸くして、髭鯨の如く水面を吸いながら泳ぐ。

食欲旺盛、我が青春時代の食欲旺盛だったころを思い出す。深い水瓶の底は、真っ暗な闇である。一瞬、芥川龍之介の作品『蜘蛛の糸』を思い出し、お釈迦さまになった気分で水瓶の中を覗き込んだ。あの地獄の底の犍陀多が、どこかにいるのではなどと空想しながら見詰めていると、蓮の茎の先端に丸まった葉か花になるのであろう物体が、メダカの動きの振動にゆらゆらと揺れている。あれが犍陀多か、とじーっと見入った。間もなく、もうすぐ、水面に顔を出そうと懸命なのか。「早く出て来て地上を観ろ！」と思わず呟く自分が可笑しかった。

日に日にその数を増すメダカの稚魚たち。最初の稚魚は最早青年に成長した。我が近づくと、どこにいても全員集合で側に来て、我が手の平に擦り寄り餌を摂る程に慣れてきて、もう孫よりいじらしく可愛く、愛おしい気分である。

そんなある日、友は来た。

「おぉー、増えたじゃないか。うまいじゃないか。なかなか初めにしては上出来じゃ」とお褒めの言葉をいただいた。その日の友との昼食は食が進み、飲んだビールもこの上なく美味かった。友が言う。「犬や猫のペットは何日も家を留守にするわけにはいかんが、メダカはその点しばらく餌をやらんでも死ぬことはない。旅行もしても大丈夫じゃ。今度は違う品種のメダカを持って来てやろう。お前なら任せられそうじゃ」どうやら初心者用のメダカ飼育に合格したようである。次は高級なメダカを持ってきてやると言う。なんでも数十種類のメダカがおるのだと友は言う。是非にも飼いたいものである。

長雨の梅雨時期が過ぎたころ、水瓶の水面を突き破り、地獄の底から伸びて見事に咲いた犍陀多は、天国を見ているかのようであった。
この年になって、また一つ新たな可愛いペットの体験勉強をすることができた。

引き継ぎ

孤竹堂

うちに古猫がいた。

飼い主である祖母が死んだ後、数年生き続けたメスのみいちゃん。いずれ猫又になるのではないかと思うほど長く生き、しっぽが二つに割れるのを楽しみにしていたが漫画や小説のような展開はついぞ訪れなかった。

飼い主が先に死んでしまって、愛されてきた幸福の温《ぬく》さから一転、冷徹なコンクリートの檻へ移ろうた者たちの行く末をテレビで見るにつけ私も人並みに胸が痛んでいた。幸いみいちゃんはコンクリの冷たさを味わわずにすんだ。祖母の家とともに私が引き継いだからだ。

引き継ぎといってもたいそうなことはない。周囲は田んぼばかり。隣家の遠く離れた田舎の一軒家で野良飼いしていたので裏の土間に猫砂をおいておくぐらいしか世話という世話はしなかった。みいちゃんが気ままに出入りできるように裏の引き戸に穴を開けていたがそこは「客」もよく活用していた。みいちゃんの食べ残しをあてにした真正の野良たちだ。みいちゃんは老齢になる前から自己主張の少ない受容と許容の精神を養っていて裏口の来客には丁重だった（実際は猫社会の序列の下の方であることを自認し、争いを避けていただけだろう）。

いつか野良の食事をみいちゃんが横で見守っているのを見たことがある。野性味あふれた野良に気おされて、「それは私の食事なのですが」と主張できずに黙っていたのだろうが、見ている私の人間としての感情がみいちゃんに投影され、「空腹はお困りでしょう、私は主から追加をいただきますので遠慮なくどうぞ」とその情景の中にセリフの入った吹き出しを頭の中で書き入れた。腹を満たした野良が辞した後、みいちゃんにはその野良もうらやむであろう出汁をとったあとのいりこをやった。

古猫の余生とともに耐震性も怪しい古家に落ち着いて数年たったある日、裏の納戸から何らかの生き物が生息しているであろう音が一日中がさごそ聞こえていることに気づいた。我が家の私以外の生物、みいちゃんはヒーターの前でのほほんとしている。

音を消すところの専門家である猫たちが笑うであろう人間の可能である限りの忍び足で、納戸を覗くと黒い小さな影が一つ。と、同時にみいちゃんを引き継ぐとき親と交わした会話を思い出す。

「動物を飼うのは責任が重いからみいちゃんで最後にしような」

しかし人間の思惑などこの小さな影の知るところではない。小さいといってもこの影はもう生後数か月はたち、歯も生えそろって乳離れしたであろう幼猫。乳離れのタイミングで親に追い出されたのだろうか人に飼われていたとも思われない。餌を投げてやると攻撃されたのかと一旦かわして逃げ、やがて上目づかいにそれをくわえ、離れたところに持っていって食べる、明らかに野良だった。

黒っぽいキジトラなので安直に「くろ」と呼ぶようになった。

ある日仕事から帰り餌を皿に入れて、しばらくするといつもよりでかく見えるみいちゃんがそれを食んでいた。よく見れば一つ同じ皿にくろも顔を突っ込んで餌にありついていたのだ。みいちゃんの許容の精神に感服である。

みいちゃんは老いた足腰のために家まわりをウォーキングして健康を保つことを日課としていた。ある冬の寒い日もしばらく歩いてきたのだろう、帰宅したみいちゃんはヒーターの前で冷えた体を温め、毛づくろいをしていた。すると、みいちゃんの出入りのために少し開けてある障子の隙間に影が一つ。その瞬間私はみいちゃんの受容と許容の精神を見習うことに決めた。

くろが、おずおずと入ってきたのだ。

ひとしきり部屋の中をつぶさに歩き臭いをかぎ、熱心に物件を内見し、顔見知りのみいちゃんがいることに安堵したのか同じくヒーターの前にたどり着いた。そして世の中にこんな心地よいものが存在するのかと開眼したかのように、赤外線の至福の温《ぬく》い光に体をさらした。

その一年後、みいちゃんは死んだ。

活動をやめたその肉体は裏のくろもじの木の下に埋めた。このくろもじの木は毎年渡り鳥が休息の頼りにしているらしく、長旅に疲れた体を憩いながら大量にふんを落とす。その肉体はそれらのふんとともに庭の土に溶け、くろもじの葉になり、やがて落ち、また次の年に渡り鳥のふんとともに土に溶ける。みいちゃんはこの庭の輪廻の一部になった。

一方、くろである（成長して模様が伸びてたいして黒くなくなったが）。自らの意思でこの家を選び、ここを居場所と決めた。今では膝に乗るし、休日に私が惰眠をむさぼっているとと頭をかじって餌もねだる。だが時におさえがたい野生が目覚めるらしい。仕事から帰ると部屋に鳥の羽が散乱していることがある。夜中に廊下でネズミをいたぶっていることもある。

私は生きようが死のうが勝手のおひとり様である。しかし、くろがいる限りそういう気ままもできなくなった。この家を維持し、猫砂を替え、餌を買って働く。くろの存在が一日を生きる理由になっている。

受容と許容の精神のみいちゃんは猫又になれないことを察し、自らの後釜としてくろを家へ招じ入れたのだろうか。この飼い主は淋しいおひとり様だから気にかけてやってくれとでも言い含めたのだろうか。少なくともくろはその役目を私に対して果たしている。

こうして私は猫たちに引き継がれた。

パムの眼差し、プウスケの瞳

栃木　みゆき

まさかペットショップへ行ったその日のうちに、犬を連れて帰ってくるとは思わなかった。高校受験が終わったら犬を飼う。息子と決めた約束を私が先伸ばしにしていたから、新しい高校生活は夏休みも終わる頃になっていた。息子が夫とペットショップへ出かけていったのは、強行突破のようなものだった。

そうして、生後二ヵ月の真っ黒なトイプードルがやってきた。この犬を可愛がったりしたくない。そんな気持ちで私は身構えていた。

お母さんの私は、毎朝誰よりも最初にリビングに入る。ゲージでおとなしくしていた仔犬がクゥンと鳴いた。出してやると、私の手や足の指をチウチウと吸ってくる。母犬の乳の名残りだろうか。翌朝も、そのまた翌朝もクゥンと鳴いて、チウチウと吸ってきた。

食べたものを床に吐いたときは、どうしたんだろうと心配になった。床の片付けが面倒だなんて思わなかった。朝の忙しい時間にまとわりつかれても、イヤな気がしなかった。

一週間ほどして、仔犬の名前はプウスケと決まった。その名前が決まるより早く、私はプウスケが大好きになっていた。

プウスケとの楽しい日々が始まった。初めて我が家へ来た時は、息子に優しく抱かれていても震えていたプウスケ。それが日に日に家族に慣れ、家に慣れ、行動範囲が広がり、表情が増えていった。

半年ほど経つと、私のベッドで寝るようになった。毎朝目が覚めるとそばにプウスケがいる。それを確認するたびに幸せな気持ちになった。新しいペットに一番渋っていた私が一番なつかれるようになっていた。家じゅうトコトコとついて歩いてくる。私が家事をこなす様子をそばで見ている。「ママが好き」という顔で見つめられると、どこにも行かずにずっと一緒にいたいと思う。私が出かける時に見せる淋しそうな顔が、愛おしくてたまらない。仔犬のせいか犬種の特徴か、先代犬パムよりもはるかに甘えん坊で、まるで末っ子のようにプウスケは家族の一員となった。

先代犬パムは、私の嫁ぎ先でもともと飼っていた、白くて大きな雑種で、十九才まで生きた犬だった。パムのふさふさとした尻尾はチアガールが持つポンポンにそっくりだった。パムが歩くとそのポンポンはゆさゆさと左右に揺れた。後ろから見ていると、まるで自分が応援されているような気分になった。はげましてほしくて、パムの尻尾が揺れるのを見つめながら散歩をしたことが、何度あったか分からない。

辛いことがあったときに、泣きながらパムをギュウギュウと抱きしめていたことがある。私が泣きやんで離すまで、おとなしくじっとしていたパム。幼かった息子が外で遊んでいると、目線をそらさずにずっと立っていたパム。息子が家の中へ戻ってくると、やれやれと疲れたように横たわるパムが、私も夫も好きだった。

パムの最期の日々は、仕事が一年で最も忙しい頃だった。あとひと月たてば、ゆっくりとたくさんお世話をしてあげられる。どうか待っていてほしい。もう起き上がることも難しいパムにひざまずいて、「ごめんね」と「大好きだよ」を繰り返した。あと三週間。あと二週間。忙しい自営業の合間に、陽の当たる暖かい場所へと、パムを植木鉢みたいに何度も移動させた。祈る気持ちで過ごした日々。けれどもパムは、あと一週間という頃にとうとう逝ってしまった。

私の「ごめんね」と「大好きだよ」には何の応答ももらえないままだった。言葉を持たない犬との別れはこんなにも無なのかと、強い寂しさでいっぱいになった。どんなに寂しく恋しくても、パムが夢に現れてくれることはなかった。

パムがいなくなって六年半が経ったある日、私はふと、家族のためにまた犬を飼うのもいいかもしれないと考えた。初めてそう思えた、その日の夜のことだった。

パムが、夢に現れた。私は嬉しかった。夢の中の私は、パムがやっと会いに来てくれたと理解していた。私はパムのからだを、文字どおり夢中で撫でた。毛並み、肉付き、骨格。そして、尻尾。ああそうだ、こうだったと、ひと撫でするたびにパムのからだのひとつひとつを確認した。懐かしい記憶と喜びに浸りながら、満足するまでパムを撫でた。その大きな満足感は、目が覚めたあとも残っていた。

テレビや映画で見聞きしたことがある。亡くなった人というのは、残された人があまりに嘆き悲しんでいるうちは、姿を見せてくれないのだと。悲しみがやわらいで、別れを受けとめて、もう大丈夫だと思えたら、姿を見せてくれるのだと。

人間だけじゃないんだね。パム、おまえはずっと、私を見てくれていたんだね。私の心の中まで見てくれていたなんて思わなかった。ずっと、いなくなったとしか思っていなかったから。ごめんね、パム。ありがとう。夢の中でもやっぱり言葉は無かったけれど、私はパムの気持ちが嬉しかった。

手を伸ばせば触れられる、あたたかくて元気なプウスケ。でもいつの日か、別れは必ず訪れる。出会った時にはすでに成犬だったパムよりも、もっと辛い別れになるかもしれない。

でもね、プウスケ。今さら言うまでもないけれど、キミを連れて帰ってきたお兄ちゃんとパパには、本当に感謝しているんだよ。この可愛いワンコとの日々をありがとうって。

仕事から戻っても、買い物から戻っても、いちいち大喜びをするプウスケ。得意気に私の前を歩いて、でも三歩ごとに振り向いては私を確認するプウスケ。私の靴下が大好きで、ムリやりはぎとろうと必死になるプウスケ。

無邪気に幸せそうなキミを残して、私が先には逝けない。あの寂しさの中へ、私よりずっと脳ミソの足りないキミを、置き去りにはしたくない。その寂しさは、やっぱりママが、請け負うよ。

ねえパム、おまえの最期にちゃんとお世話をしてやれなかったから、私はたとえ金魚一匹でも生き物のお世話はもうしたくないと思っていたの。そうすることは、おまえに対して申し訳ないことだと思っていたから。でも、そんなふうに考えなくて良いのだと、夢の中でおまえは伝えてくれていたんだね。

私からも、パムに伝えたいことがあるんだよ。この真っ黒で小さな甘えん坊との日々をどうぞこれからも見守っていてね。そして、いつかこの子がそちらへ行ったときには、どうぞ私の代わりに、優しく遊んであげてね。それから、もうひとつ。私が息を引き取る時がきたならば、パムとプウスケに、お迎えを頼みたいなと思っているの。穏やかで優しい眼差しのパムの背中に、甘えるように真っ直ぐな瞳のプウスケが乗って現れてくれたなら、きっと楽しい旅立ちになるだろう。

一緒に遊ぼう。また元気いっぱい遊ぼう。遊び疲れたら草の上で一緒に寝ころがろう。そして仲良く一緒に眠ろうね。

私はその時がくるのを楽しみに待っている。でも、もし私を迎えに夫が現れてきちゃったら、あの世へ行く気を失くしそう。大きな声では、言えないけれど。

飼い犬と向き合った日

高野　りこ

昭和五十七年、結婚した翌年のことだった。正月休み明けで、開店したばかりのスーパーは、買い物客でにぎわっていた。スーパーの入口付近に、黒やまの人だかりができていた。人々の視線の先に何があるのだろうか。私は興味を引かれ、背伸びしながら、肩越しに覗き込んだ。そこには、三匹の子犬が段ボール箱に入れられて、捨てられていた。段ボールには、「もらってください」とマジックで書かれてあった。

『正月早々、捨てられてしまったのか。』と私は、哀れに思えた。まだ、ようやく乳離れしたばかりの、生後二か月ぐらいの子犬だった。さんざん、集まった子供たちのおもちゃになっていたらしく、子犬は怯え、ブルブルと震えていた。私は以前から犬を飼いたいと思っていたので、一番ひどく震えていた子犬を、着ていたダウンジャケットの懐に包むようにして、家に連れて帰った。

そして、子犬を「ごん太」と名付けた。

ごん太は、体重十八キロほどの、口の周りだけが黒い、茶色の中型犬に育った。

くりくりとした丸い目が愛らしく、私の言うことをよく聞く、性格の良い犬だった。

ところが、ごん太はとても怖がりで、それだけは治らなかった。狂犬病の集団接種のたびにパニックになり、首輪抜けをしては、勝手に家に帰ってしまうのだった。

それ以外は、一緒に暮らすのに、何も問題はないと私は、思っていた。

やがて、生まれた娘や、遊びに来る娘の友達にもごん太は優しかった。子供たちに、おもちゃにされても、なすがままで、威嚇したり、歯を当てたことは一度もなかった。

ごん太の「怖がりな性格」を気にも留めず、ごん太が怖がって引き起こす「滑稽なエピソード」を、家族で笑い話にしていた。

こうして、年に一度、フィラリア（蚊を媒体とする犬の心臓病）の検査に病院へ行くだけで、家族以外との接触は殆どなく、ごん太は成長し、そして老犬になった。

ごん太が九歳になったころ、「耳血腫《みみけっしゅ》」という病気にかかった。

年をとり、心臓が弱ることで起こる病気で、耳に血が溜まり、パンパンに腫れてしまう。痛みを伴い、犬はとても、辛い。出来るだけ早く、病院に行かねばならない状況だった。

当時、主人は仕事に追われ、さながら母子家庭状態だった。その上、私は、車の運転が苦手で、歩いて、動物病院まで行くしかなかった。

娘はまだ幼く、一人で留守番をさせるには心もとない。夕方忙しい時間だったが、ママ友に無理を言い、娘を預かって貰った。

梅雨の始まりの頃で、空は重たく、今にも雨が降りそうな夕暮れだった。

案の定、動物病院に行く途中で、雨が降りだした。初めて受診する動物病院までは、歩いて、二、三十分かかった。雨は、だんだんひどくなり、傘は持っていても、役に立たず、ごん太はずぶ濡れになり、私も、汗と雨で髪は濡れ、化粧もぐちゃぐちゃになってしまった。

やっとの思いで、病院に着いた。しかし、ごん太は、知らない場所と雰囲気に、極度に緊張し、パニックになってしまった。目は吊り上がり、口は裂け、息遣いも荒く、誰かが近づこうものなら「噛むぞ」とばかりに、くぐもった声で唸り続けていた。

病院の待合室は、小型犬を連れた飼い主で混み合っていた。誰もが嫌な顔をし、関わり合いにならないように、私たちを避け、遠巻きにしていた。私は、待合室の隅で順番を待った。その間も、ごん太は、病院から逃げ帰ることしか考えておらず、周りを威嚇し続けた。

その様子を見ていた獣医から

「とても診察できないから口輪をするように」と、口輪を手渡された。

「口輪、出来ないなら、帰って出直してきて」とまで、言われてしまった。

私は、考え込んでしまった。もちろん、ごん太に口輪を装着したことは無い。口輪をするなど、出来るとは思えない。

しかし、次は、いつ娘を預かって貰えるかも、分からない。主人は、当てにできない。

今日は、ここまで、無事になんとか、首輪抜けすることなく、ごん太を、連れて来ることが出来たが、次回は、絶対無理に決まっている。


『帰るわけには、行かない』


自信は無かったが、私は、ごん太を説得し始めた。

「ごん太、お耳が痛いでしょ。先生に診てもらおうね」

「口輪を付けようね。いい子だから、我慢してね」

もちろん、ごん太は聞く耳もたず。

相変わらず、目は吊り上がり、口は裂け、隙あらば、脱走しようとする。

私は、内心あきらめつつも、

『もう一回だけ、言い聞かせてみよう』

『もう一回だけ』

『もう一回だけ』

と、ごん太を説得し続けた。

三十分くらい経っただろうか。もっと短かったのかもしれない。

私には、長いながい時間だった。

ふと、ごん太の体から力が抜けた。

そして、私の方に顔を向けて、自分から口輪に鼻を入れて来た。

あまりの事に、私の方が驚いてしまい、うかつにも、口輪を落としてしまった。

『バカ、バカ、もうダメだ。』

自分を責めながら、口輪を拾った。

すると再び、ごん太が自分から口輪に、鼻を入れてきた。

私は、震える手で、口輪の留め金を締めた。

こうして無事、診察を終えることが出来た。幸い、病状は、手術せずに済むくらい早期だった。

獣医から「次からは口輪無しで大丈夫だね」とお墨付きを貰えるほど、ごん太は、落ち着きを取り戻し、いつものごん太だった。

病院を出ると、雨は、止んでいた。

ゆっくり、ゆっくり、私とごん太は、夜道を歩いて帰った。

その時から、ごん太と私の関係は大きく変わった。

私は、初めて、ごん太と向き合い、ごん太の飼い主になった。

その後二回、ごん太を連れて、引っ越しをした。

どこでも、いつでも、ごん太は私の相棒だった。

その頃から、「犬も一緒に泊まれる宿」が出来始めた。

私たち家族は、ごん太と一緒に旅をした。

旅先での時間は、かつて経験したことのない、楽しい時間だった。

美しい景色に負けないくらい、ごん太との時間は、私にとって、かけがえのない思い出となった。

私は今、殺処分をまぬがれ、保護された秋田犬二頭の里親である。

もし、あの時、ごん太と真剣に向き合うことをしなかったら、私は、保護犬の里親になることは、無かっただろう。

ごん太は、もうすぐ十六歳になろうかという春、私が外出先から帰るのを待つかのように、私の腕の中で、静かに息を引き取った。

片付けない犬小屋

安藤　邦緒

平成二十三年春。娘が久々に我が家を訪れ、小学一年生の子を私に預け、妻と出かけた。居間のガラス戸から裏庭を見ていた孫娘が、そばで新聞を読んでいた私に尋ねた。

「じいじ、あの犬小屋、なぜ犬がいないの？」

私は孫娘の顔を見た。

「病気で死んじゃったんだよ」

「だったら犬小屋を片付ければいいのに」

「訳があってね」

「訳？　教えて」

私は一瞬考えた。いつか孫娘に話そうと思っていたが、その時が来たようだ。

「よし、話してあげよう」

私は立って孫娘の横に来た。

柔らかな日差しが裏庭の黄色いカタバミの花に降り注ぎ、まぶしい。その日向の左手にスチール製の倉庫があり、左戸の隅の日陰に色褪せた赤い屋根の犬小屋が寂しそうに置いてある。

私は孫娘と足下のサンダルを履き、犬小屋の前に来てしゃがんだ。入り口に消えかけた文字で主の名前が書いてある。

「チ・ロ・ルって名前かあ」

「萌恵ちゃんが一歳になる直前まで生きてたから、萌恵ちゃん見たことあるんだけどね」

「私、覚えてない」

私は犬小屋の中に転がっている、古ぼけた骨の玩具を見ながら語り始めた。

――娘が中学一年の秋、友だちから生後間もないオスの柴犬をもらってきた。名前は娘がチロルと名付けた。

家族皆で可愛がり、二年が過ぎた春。娘は高校に進学、息子は大学受験に失敗し、浪人生活を始めた。息子は沈んだ気持ちを癒やすようにチロルとよく遊んだ。

翌年。息子は遠い岡山の大学に合格し家を離れ一人暮らしを始めた。

息子がいなくなると、チロルはとんと元気がなくなった。一日中ねそべり、つまらなそうにしている。食器のドッグフードを雀がついばんでいても見向きもしない。

息子は半年に一度帰省すると、真っ先に裏庭に行った。チロルはちぎれんばかりに尻尾を振って息子に飛びかかり、狂ったようにじゃれた。

四年後。娘は短大を卒業し就職、翌年早々と結婚し家を出た。息子は同じ大学の大学院へ進学し、ＩＴ会社を立ち上げた。

孫娘が話をさえぎった。

「じいじ、ＩＴ会社って何？」

「コンピューター関係の仕事と思ったらいいかなあ。萌恵ちゃんの伯父さんはＩＴを勉強してたんだよ」

「ふうん」

息子は会社名をチロルの名前をもじってつけた。ロゴマークもチロルの似顔絵、会社案内のパンフレットの表紙もチロルの写真を使うなどチロルずくめ。

会社はテレビや新聞に〈学生ベンチャー企業〉の触れ込みで度々紹介された。息子は多忙極まり、ばったり帰省しなくなった。チロルは虚ろな目で寝てばかりいた。

大学院を修了した翌年の冬。チロルの尿が急に近くなり、日に何度も散歩をねだった。当年十一歳、年をとって寒さが堪えるようになったのだと思った。

ところが、年が明けた頃から散歩の様子がおかしくなった。体を屈め、後ろ足を引きずるようにして歩いている。

そのうち、散歩の途中で立ちどまって震えだし、動かなくなり、抱かれて帰るようになった。

三月になると、チロルはほとんど歩けなくなり、食が細くなっていった。

孫娘が身を乗り出した。

「じいじ、お医者さんに連れていかなかったの？」

「年齢のせいじゃないかもと、動物病院に連れていったら、お医者さんが尿毒症を起こしてるから即入院だと言ったよ」

検査の結果、お腹に腫れ物ができていることがわかった。手術は無理と言われ、点滴をしたら症状が軽くなったので退院した。が、束の間だった。再入院し、数日経った三月末の夕方、病院から電話があり、チロルが危ないと言われた。

妻と病院に行くと、チロルは自力で体を起こせないほど衰弱し痩せこけていた。連れ帰り、玄関のたたきに毛布を敷いて寝かせながら思った。今夜中に死ぬかもしれない、息子に知らせなくては。

妻が息子の携帯にメールを送った。すぐ返信が来た。東京へ出張し、飛行機で岡山へ帰る予定が乗り遅れ新幹線で移動中、もうすぐ名古屋、降りて岐阜へ向かうとのこと。

まもなく帰り、玄関の床に横たわっているチロルの前に屈み、頭をなぜながら名前を呼んだ。ずっと閉じたままのチロルの目がかすかに瞬いた。息子だと認識したようだ。

その二時間後、チロルは息子に看取られ天国へ旅立っていった。

涙を流している息子に妻が話しかけた。

「チロちゃん、あなたがそばにいてくれたので安心して逝ったんじゃない？」

「それにしても名古屋の手前で連絡がとれるなんて間一髪だったな」

私が口を挟むと、

「飛行機に乗り遅れたのは、チロルが仕かけたのかもしれないな」

息子が目を真っ赤にして言った。

「そうよ。きっとチロちゃんは大好きだったあなたを呼んだのよ」

「うむ。きっとそうだ」

私の目に涙がにじんだ。

翌朝。息子は火葬場経由で岡山へ発った。

孫娘はうつむき黙りこんでいる。

「萌恵ちゃん、じいじとおばあちゃんは、伯父さんがチロルが死んで落ちこんでしまい、会社がつぶれやしないか心配したのに、逆にどんどん大きくなっていったんだよ。じいじはチロルが福の神になって伯父さんを応援してるんだと思い、この犬小屋は神社、片付けたら福の神の居場所がなくなり大変、このままにしておこうと決めたんだ」

「だから片付けないんかあ」

孫娘が大きくうなずいた。

二年後。息子の結婚披露宴会場に社員が陶器製の柴犬の置き物を抱えてきて、一同に紹介した。

「これは社長（息子）が会社のシンボルとして見つけてきたものです。会社の玄関に置いてあります」

会場が爆笑の渦に包まれた。

私はチロルそっくりの置き物を見ていて、はっとした。置き物の横にあの犬小屋を置いたらどんなものだろう、これは名案だ。

ところが息子の反応は意外にもノー。理由を言わない。私は息子は帰省した折り、裏庭で在りし日のチロルを偲びたいのかもしれないと思った。

「じいじの話はこれでおしまいだよ」

「チロルの写真見たいな。じいじ、ある？」

「ピアノの上にあったはず」

そう言うと、孫娘は洋間の前に行き、ガラス戸を開け部屋に上がった。そして、丸椅子の上に立ち、動物の縫いぐるみの後ろに隠れていた手の平サイズの写真立てを見つけた。

「わあ、かわいい！」

「素直ないい子だったよ」

私は犬小屋のほうを振り向いた。日陰の中に赤い屋根が鮮やかに浮かび上がっている。

のきしたののっき

佐藤　仁

「犬は人につき猫は家につく」って言葉があるらしいけど、おいらから言わせたらこの言葉を最初に言った人間はまるで猫のことを分かっていなかったんだろうし、そんなやつと一緒にいた猫に心から同情するよ。

おいら達だってきちんとおいら達のことを「分かってくれる」人間のことは大好きだしずっと一緒にいたいと思うよ。ただ犬たちみたいにそれをわざとらしいくらいいつも表現しないだけなんだ。

そんなおいらが「分かってくれる」人間に出会ったのは六年と少し前の早朝、そろそろ寒くなる季節に差し掛かる頃のこと。

その頃のおいらはいわゆる野良ってやつで……と言っても産まれてまだ二ヶ月くらいのチビで野良っていうのもおこがましいのだけれど……最大のピンチに見舞われていた。

そう、お母ちゃんとはぐれてしまったんだ。

ちょっと目を離したすきに完全に迷子になっていた。迷子になった言い訳になるかもしれないけれど、何日か前からおいらの右目はなぜか完全にふさがっていて見えなかった。しかも鼻もグズグズして呼吸もしづらくってお母ちゃんの匂いもわからない。何回お母ちゃんを呼んでもまるっきり姿は見えなかった。

これはやばい。生後二ヶ月のチビが一人で生き残っていけるほど野良の世界は甘くはない。しかも運が悪いことは続くものでこんな時に限って雨まで降ってきておいらは近くの家の玄関先で雨宿りをしながら必死でお母ちゃんを何度も何度も呼び続けた。呼び続けて喉が痛くなりそろそろ声も枯れ始めてきた頃、目と鼻の不調と寒さと空腹と心細さといろんなものが一気に押し寄せてきて倒れそうになった瞬間、おいらはなりふり構わず最後の力を振り絞って叫んだ。

〝もう誰でもいいから助けてーーーーー〟

と同時に、雨宿りしている家の玄関のドアがおいらの背後でガチャッと開く。中から大きな人間の男が出てきた。お母ちゃんからは人間には何をされるかわからないから近くにきたらとにかく逃げるように口すっぱく言われていたからおいらは最後の力を振り絞って逃げようとした。その瞬間ガッと背中を鷲掴みにされた。必死に抵抗したけれど弱りまくっている生後二ヶ月の猫に何ができる？　もう終わったと思ったね。

すると、その大きな人間の男は、

「さっきからずっと鳴いていたのはお前か？　おかげですっかり目が覚めたよ。母ちゃんとはぐれたのかな？」と呑気に言った。

おいらは必死に抵抗しながら叫んだ。

〝うるさーい！　離せ、このやろー！〟

「わかったわかった、怖い怖い、そんな怒るなって」

まるで離す気配がないどころかこっちはこんなに真剣に怒ってるのに笑ってやがる。

「うわ！　お前片方目潰れてるじゃないか！　しかも鼻水もすごいな！　とりあえずちょっと家に入りな」

おいらは家の中に拉致されて、その男に開かなかった右目やら鼻やらを水で濡らしたタオルでゴシゴシ拭かれた。最初は必死に怒ってたおいらも体力の限界と何よりいくら怒ってもその男は笑って大丈夫というばかりでどうやら危害も加えられないようだから一時様子見。おいらの顔やら体を一通りタオルで拭いてから男は何やら電話に向かってペコペコしながら話している。

「こんな早くからすみません。仔猫なんですけど右目が開かなくて、鼻もグズグズしているんです、時間早いですけど診て下さい。お願いします……え？　いいんですか！　ありがとうございます！　すぐ行きます！」

電話を切るや、男はごめんなと言い、おいらをタオルを敷き詰めた小さい段ボールに入れ車に乗せ、病院へ連れて行った。

おいらは一体何をされるのかわからなすぎてもう抵抗する気もなくなりなすがまま。病院では何やら体を色々触られて、目に薬を入れられたり、背中に注射を打たれたり血を抜かれたりと色々された。その結果、見えなかった目が徐々に見えるようになり鼻のグズグズも幾分良くなった。一通り終えるとおいらはまた段ボールに入れられ車に乗って男の家に連れて行かれた。段ボールに入っているおいらに男はおもむろにこう言った。

「今日から一緒に住もうか？　僕の名前は〝じん〟。よろしくな。お前も名前をつけなきゃな。うん、軒下で出会ったから〝のっき〟だな、改めてよろしく、のっき」

〝はい？　一緒に住む？　それに何勝手に名前つけてんだよ！〟

するとじんは笑いながら少し悲しい顔をして
「いきなりでびっくりしてるだろうけど、ごめんな。さっきお医者さんに言われたんだけどのっきはどうやら〝猫白血病〟って病気らしいんだ。そのせいで目も鼻も炎症を起こしてたんだろうって。治療しても五年くらいしか生きられないだろうって。治療して長生きするぞ」と言った。〝勝手に決めるな！〟

「そうだよな、勝手に決めてごめんな、でもせっかく出会ったんだし仲良くやろうな？」

〝もうパニックだよ！〟

「そうだよなパニックだよな、でも、ね？」

これがおいらと「分かってくれる」人間との出会い、おいらとじんとの出会いだ。この日からおいらとじんの同居生活が始まったんだ。

おいらはずっと不思議だった。じんはなんでおいらと普通に会話できているんだろ？

最初からじんとおいらは全部はわからなくてもなぜかお互い言ってることがわかった。言ってることもそうだけど一緒に住んでるうちにお互い何を考えているのかもなんとなく分かった。例えば、おいらが退屈しているとじんは絶妙なタイミングでおいらのお気に入りのネズミのおもちゃで遊んでくれたし、じんが寂しそうにしているとおいらはそっと近くに行ってじんの顔をペロペロする。するとじんは途端に笑顔になって元気になった。

どんなに忙しくてもじんは三週間に一度抗生剤を打ちにおいらを病院に連れて行ってくれた。

一緒にいることが当たり前になった生活が六年と少しすぎた頃、おいらは体調を崩すことが多くなり、ここ一ヶ月近くはご飯も食べたくなくなって、毎日点滴をして過ごしていた。

そんなある日の朝もう立ち上がることもできなくなってしまった。

おいらはこの日の夜、最後の力を振り絞って立ち上がりじんのそばまで歩いた。じんは久しぶりに歩いたおいらに気づいて何か言おうとしたけどその前においらはいま出せる一番大きな声でじんに言った。

〃じん、いままでありがとう、大好きだよ〃

するとじんは顔をぐしゃぐしゃにして

「こっちの方がありがとうだよ大好きだよ、今までよく頑張ったな、のっき」と言って、いつも以上に優しく抱き寄せてくれた。じんはそのままいつも一緒に寝ていた布団まで行き、いつものようにおいらを腕枕した。おいらはもうなんだか力が出なくてただただ大好きなじんにくっついていた。すると、じんはさらに顔をぐしゃぐしゃにして初めて出会った時のことや初めて病院に行った時のこと、初めてネズミのおもちゃで遊んだこと、初めておいらに鼻をかじられた時のこと、おいらとのいろんな想い出をいっぱい話してくれた。その声はすごく優しく心地よくていつまでも聞いていたかった。でもね、おいらはもう大好きなじんとお話しするのもしんどいから少しだけ眠るよ。すると、じんは涙と鼻水だらけの顔でとっても優しい声で「おやすみ」と言って、おいらにキスをした。それは世界で一番優しいキスだった。おいらは目を瞑り、じんの匂いとか体温とかいろんなあったかいものに包まれながら静かに静かに深い深い最期の眠りについた。

〃じん、おいらはホントに幸せだったよ〃

クロさんの捜索願

坂本　雅美

家から脱走した猫を探しています。

名前は「クロさん」と言います。名前からすると黒猫みたいですが、毛色は黒とこげ茶色の縞模様です。首輪の色は赤色です。歳は五歳です。

もともと体形が大きいうえに太ってらっしゃるので、たいそうふてぶてしく見えます。見た目は完全に「おっさん」です。

顔つきとしては、かなり人相ならぬ猫相が悪いです。とはいえ、別に顔に傷があるというタイプではありません。親の欲目で言えば、どちらかと言うとりりしい顔立ちをしていると思います。

では、何に問題があるかといいますと、クロさんは、目つきがたいそうよろしくありません。本人は別に不愉快に感じているわけではないようですが、目が半開きで下から見上げるような感じなので、いつも不機嫌そうに見えます。こうした点からお分かりのように、見た目そのものがかわいいという猫ではありませんが、結構愛嬌がありますので、なれるとたまらないものがあります。

鳴き声は、「にゃー」ではなく、「なー」です。結構低めの渋い声です。ごはんがあっても、トイレ掃除をしてあっても、飲み水があっても、「なーなー」と鳴いてすりついてくるので、それ以外考えられることと言えば「遊べなー」というおねだりでしょうか。結構よくしゃべります。

こうしたことからもある程度お分かりのように、性格は人懐っこいです。料理とかしているとすぐに足元にすり寄ってきますし、首筋をなでろとおねだりもしてきます。同居猫がいつもクロさんにちょっかいをかけるのですが、あまり強く怒らないところを見ると、結構温厚な性格なのかもしれません。また、家ではふてぶてしいクロさんですが、病院に連れて行くと、いつも心細い声で鳴き、ぷるぷる震えています。かなり小心者なのだと思われます。

生活パターンとしては、他の猫も多分そうだと思うのですが、一日のほとんどは寝ています。仮に人間の労働時間帯を「九時五時」とすれば、まさにクロさんの睡眠時間帯は「九時五時」です。人間からするとうらやましい限りです。

家族みんなが帰ってくる頃に活動を開始します。パトロールが大好きなので、家じゅういろんなところをうろついたり、しっぽをふりふりしながら、窓の外を眺めていたりします。午後十時くらいには活動を停止してまた朝までお眠りになります。とにかくよく寝ます。まさに悠々自適と言えるでしょう。

　そんなクロさんが、家族が油断した隙に玄関から脱走して行方不明になってしまいました。以前に脱走したときには、近所の野良猫と喧嘩したのか、傷だらけになって帰ってきましたので、できるだけ早く見つけてあげられたらと思います。お心当たりの方はどうかご連絡ください。


……という感じで、脱走が好きな君のために捜索願のひな型を作ってみました。

　でも、君がいないと心配だし、ケガして帰ってくるととても悲しいので、この捜索願を使う機会が無いように、くれぐれも脱走は控えてくださいね。

鯨猫。覚悟と幸せ

うらやすうさぎ

我が家には猫が一匹いる。短足のマンチカンで男の子、名前はもん太。自称犬好きの私に古くからの友人は「え？　猫？」と不思議そうに聞き直す。犬より猫の野良が多いことから猫との関わりが多いのだろう、気がつくと犬ではなく猫との思い出がいくつかある。

子供のころ、自分が住んでいたマンションの軒下で、参加者を募って野良猫を飼おうとしたことがあった。だが、ダンボール箱に猫と餌を入れたものの、あっという間に猫はどこかに行ってしまって、猫プロジェクトはあえなく頓挫した。

その後今度は、実家の階下の一階に住む方が「ベランダに野良猫がきているので何とかならないかしら」と相談にやって来た。行ってみると、ベランダに置いてあったじょうろに首を突っ込んで抜けなくなり、半狂乱になっている猫がいた。残念ながら恐怖で爪をたてて暴れている猫に、手も足も出なかった。

母が白血病と脳梗塞で、千葉県にある療養型の病院に入院したのは二〇一〇年の初夏のころだ。病院は、私が住んでいる神奈川県からはアクアラインを通ってまもなくの所で、広大な畑の中にぽつんと建っていた。付添いに通っていたある日、母の容体が芳しくなかったので、泊りを覚悟して夕飯を食べに外出した。しばらく行くと、畑のあぜ道からかなり小さいとおぼしき子猫の声がしてきた。そばに若いお母さんと子どもがいて「捨て猫らしい。四匹いるの」と言う。可哀そうに思ったものの、病院に連れて帰るわけにもいかず、母の容体からも、後日どうにかするわけにもいかなかった。後ろ髪をひかれる思いでその場から離れた。食後、病院に戻ってしばらくすると、バケツをひっくり返したような夕立が始まり、さらに雷も轟いた。あの猫たちはどうしているのだろうと思うと心が重かった。

ほどなくして母は他界した。住む人がいなくなった、思い出の詰まった実家を整理し、売買契約をしていた時に、東日本大震災が起こった。母と実家を失くしたのは、予想以上の喪失感があった。被災された方々に思いを馳せれば、少なくとも私の場合は母の死も、実家を手放すことも、あらかじめ覚悟できていたはずのものの、繰り返す余震も重なり、まいっていた。

もん太に初めて会ったのはそんな時だった。防災用品を買いに訪れたホームセンターで、いつものように買うあてのない犬達に会いに、ペットショップに足を運んだ。見るだけでも癒しになるので、ペットショップには何年も通っていたのだが、その時だけはいつもと様子が違った。順番に見て回っていた時に、一匹の子猫の前で足が止まった。グレーの長毛で、座っているとまるで胸に白いエプロンを着けているような猫が、首をかしげて懸命にこちらを見ているのだ。今まで会った犬や猫は、どうせ何も起こらないだろうとあきらめていて、ガラスのこちら側にはあまり興味を示さない。ところがこの猫は視線をそらさず、こちらの目をじっと見ている。見つめ合う一人と一匹に気がついて、店員さんが猫を出して手渡してくれた。両方の手のひらに収まる小ささで、あたたかく、やわらかかった。四十六万円から二割引とついたその猫を見ていて、余震が続いているこの時期に、こんな高額の子猫を買う人はいないだろうと思った。同時に、助けてあげられなかった猫たちへの〝罪滅ぼし〟と脳裏をよぎった。何より、毎朝起きてこの子を見ることができたら、なんて幸せだろうと思った。いったん売り場を離れて心を落ち着かせた。生き物なのでそれこそ覚悟が必要だが、大丈夫か自問自答の上、主人に改めて「あの子が欲しい」と告げると、一瞬の間をおいて「いいんじゃない」と返答をもらえた。こうして二〇一一年三月の末、初めての猫、もん太のいる生活が始まった。

もん太は、鼻から尾までの背面はグレー、口から尾までのお腹側と足が白の〝鯨猫〟だ。加えて、何か言いたげな隈取りのある目、どっしりした短足・胴太、機嫌のバロメーターであるふさふさした長いしっぽ、首回りから胸にかけてのたてがみとエプロンのような毛など存在自体が愛おしい。例えば、台所で炊事をしている時だ。真っ直ぐ立てて、先端がクルンと曲がったしっぽだけが、机の向こうにふわふわ横切るのが見えて、首輪の鈴がチャリチャリ聞こえると、えも言われぬほど心温かくなる。そして私がお風呂に入っている時、浴室ドアのすりガラスの向こうから、私の指をめがけて鼻をつけたり、前足をパーにして肉球でドンッと叩くのが今の〝もん太s'ブーム〟だ。すりガラス越しに逢瀬を楽しむ。また、虫刺され薬を使った手を誤って顔に近づけると、梅干しのような顔になり可笑しい。

一方、もん太にとってはどうだろう。高層マンションなので、外に出せない。コードやポリ袋が大好きだが、危ないので取り上げる。机やベッドの上には乗せない。こちらの目が行き届かない時や寝る時はケージに入れている。他人の猫ブログを見ていると、我が家のルールは厳しい方だ。主人が帰ってきて脱いだ靴底の匂いを嗅いでいるもん太を見ると、底にかすかに残っている土の匂いに反応しているのではと切なく思う。なぜなら彼はおそらく一生、自由に土を踏むことがないからだ。だから、できるだけ本人の意思を尊重するようにしている。

猫は四歳児くらいの脳をもつと言われており、実際もん太は、コミュニケーションもとるし、空気も読む。主人への鳴き方は猫なで声の正式な「ニャー」だが、私へはぞんざいな時が多い。主人の膝には乗るが私には乗らない。乗るのは私がいない時だ。ソファに主人と並んで座るが、私の隣には来ない。おやつが欲しい時は、主人の足元に跪いて、居住まいを正してお願いして、だめなら視界に入る場所に行ったり、お腹を見せたり、立ち上がる時もあり健気だ。一方、私には厳しく、まどろっこしい頼み方はしない。私のお風呂の時間がおしている、ブラッシングの時間だ、寝室に行きたい、トイレを掃除してほしい、歯みがきのカリカリが欲しいなど、寝る前には主に私に言いたいことが色々ある。鳴いて、見て、歩いて伝えてくる。その時によって優先順位が異なる中、順番を間違えると、「ちがうよー」とばかりに「ニャン！」と抗議して、私のかかとをそっと噛む時がある。主人を上に、私を下に見ているようだ。

しかし、主人と話していて、盛り上がって声が大きくなった時は、調整に入るのか、仲間に加わりたいのか、間に入って主人に向かって「ニャンニャン」鳴く。主人の声が太く、低く、大きいので、さながら私に怒っている主人を、たしなめているようだ。また、ケージから出してしばらくした時に、どこに行ったのだろうと無言で探し回ると、何も言わずに部屋の片隅からすーっと出てくることがある。さらに、常用している薬の副作用で、私が息苦しくてじっとしていられず、つらくて家の中をうろうろしていた時は、顔を見上げながら心配そうについて回ってくれた。

私たち夫婦には子供がいない。私にとってもん太はもはや可愛いだけの存在ではなく、弱い私に寄り添ってくれる、大切な存在だ。予想通り、朝起きると、ケージの中からじっとこちらを見る。「出る？」と聞くと顔を擂り寄せて「ウッキャン」と答えるもん太を見ることができて、六年経った今も幸せだ。あの時一緒に暮らす決心をして本当に良かった。

「もん太も『この家に来て良かった』と思ってくれるといいね」と主人と話している。浴室で毎夜ブラッシングをするのだが、足が届かないからだろう、頭のてっぺんから背中をブラッシングするとゴロゴロと喉をならす。この穏やかで平和な時がずっと続いてほしいと切に願う。そして、こうした日常の一つ一つのかけがえのない思い出を、猫と暮らせた幸せ感とともに将来の自分に渡したい。

ココロ

中嶋　秀介

父親と入れ替わりで赤茶の子犬が我が家にやってきたのは、僕が小学二年生の初夏の時期だ。そのひと月前には役所に離婚届を提出し、父と母の関係は終わっていた。当時の僕はそんな紙っぺらを渡す必要性がわからず家族会議の後、大泣きで地団太を踏んだ記憶がある。それでも小学生の回復は早く、膝につくったすり傷が塞がるようにみるみる気にかけなくなった。

七月下旬の週末に、四歳上の姉が友達の家で生まれた柴犬と洋犬の雑種をもらってきた。そのニュースは子犬が家に来る一週間前から耳にしていたが、僕は手放しに喜べなかった。当時発売されたばかりであった犬の育成ゲームをこづかいで買うほどペットには飢えていたが、動物アレルギーをもつ父のせいで僕たち姉弟は犬も猫も飼えずにいた。少年であった僕の杞憂は、これから来る子犬はあくまでももらってくる姉の所有物になるということだ。名前を付けるのもきっと姉だろう。僕は姉の所有物である子犬とどう接すればいいのかなどということばかり考えていた。

子犬が我が家に到着したとき、意地を張っていた僕は、ゲームの中の犬をなでながら赤茶の子犬を横目で見ていた。気を利かせた母親が子犬を抱いて僕のもとにやってきた。姉に興奮をさとられぬよう無関心を装いながら、子犬を抱く。ゲーム機のタッチパネルでは決して味わえない柔らかさや量感に、思わず、意地を張っていた自分が恥ずかしくなった。

「名前、決めてもいいよ」

姉の予期せぬ発言に目の前の子犬と同じくらい目がまるくなる。

「コロ……がいい……」

ゲームの中のチワワと同じ名前をつけたかった。事情を知っている姉に笑われると思ったが、姉は、目が丸いしなんかころっとしてるからいいんじゃない、としか言わなかった。

コロが家に来てから一週間、子犬の所有権のことなど忘れて毎日何時間もじゃれあった。ゲームの中のチワワには悪いが、僕の中でコロとはこの赤茶の雑種犬でしかなくなっていた。コロは軽い動物アレルギーの僕がくしゃみをすると、それをなじるようにキャンと高い声で吠えた。その姿が僕の真似をしているようで嬉しくて、何度も何度も同じことをした。

コロが来て一年が経つと、中学に上がった姉は部活動が忙しくなり、コロにあまり構わなくなった。それをチャンスに思った僕は、今まで以上にコロとの時間を増やし、誰よりもコロとの仲を深めた。

当然だがこの一年の間にコロの体は何倍にも膨らみ、声もずいぶんと野太く勇ましくなった。それでも僕がくしゃみをすれば跳ね上がって呼応する様は子犬の時と何も変わっていない。

僕が中学を卒業する時期にコロは後ろ足を悪くし、上手く歩けなくなった。それまでは僕がゆっくり歩けばコロもそれにあわせ、僕が全力で走ればコロも息を荒げついてきたが僕を置き去りにするようなことは決してなかった。それから僕はコロと散歩するのをなんとなく避けるようになった。相変わらず僕のくしゃみに反応して声を上げるが以前のように飛び上がることはできなくなっていた。若かった僕は痛ましくなる愛犬を直視できず、コロの前でくしゃみをすることも憚るようになった。

コロが家に来て十年目の夏、そのころ僕は大学受験まっしぐらで、あまり身動きのとれなくなったコロを日に数回なでてやる以外なにもしてやれなかった。

その年の十一月にコロは老衰で死んだ。僕はその日に返ってきた模擬試験の結果が芳しくなかったからなのかコロを失った喪失感からなのかわからないが塞ぎ込んでしまい、次の日は学校を休んだ。気分を変えるため、よくコロとの散歩につかった近所の土手道を徘徊した。冬の冷たい風が頬をなで体温を奪う。僕は身震いしながらくしゃみをした。がらんと乾いた空気が音に余韻を持たせ数秒の間、時が止まったようだった。時間が正常に進みだすと、今度は自分が狂ったように泣き出した。父と母が離婚したときよりずっと長く、大きな声で。

次の日からは不思議なくらい勉強に集中できた。結果的に第一志望の大学には届かなかったが、挑戦校であった第二志望の大学に受かることができた。コロのおかげなんて言うのは都合がいいと思われそうだが、僕は確かに、愛犬が残してくれたものを感じることができたと思う。

今でも僕はくしゃみをするたびに丸い目をした赤茶の雑種犬がどこかで吠えているような気がして可笑しくなる。

二度生きてくれた猫

長井　潔

深夜のリビングで突然足に激痛がした。脛の後ろから二筋、血がどくどく流れる。振り向くと真黒な目の猫が瞳孔を開きしっぽを逆立てこちらに向け低く身構えている。

（やるのか……上等だ！）

血をまき散らしながら足を振り上げた瞬間に軸足を食いつかれた……。

十一年前のある朝、近所に野良の子猫が群れていた。娘が家の庭に段ボールを置いた。用水路のへりを歩き車道に寝そべる大胆な白黒が自ら段ボールに入った。妻も一緒に品定めする。二人が振り返り私の目をじっと見つめ続ける。

「もお……あなたたち二人で飼うんだぞ！」

白黒はきれいな毛並みで子猫の中では一抜けて大柄だが小顔でしゅっ、としている。オスとわかりまず去勢させた。鼻が詰まっていてくしゃみであちこち鼻水をぶちまける。エサはカリカリのみで生肉など見向きもしない。鼻が利かないからか。「ハナタロウ」と命名した。

床置きのトイレは使うしエサも食べるが水は飲まない。家族が台所に立つと縁に飛び乗り水道水を狙う。水を入れたコップを縁に置くとおいしそうに飲んだ。「面白い水」と呼ぶことにした。

棚もよじ登って天井まで制覇した。エアコンの上を歩いて渡り、ハムスターのカゴを襲った。

一年後のある日首筋に血をつけて帰ってきた。しかし傷は見つからない。外に出ると赤く染まった猫が路地に逃げ込むのが見えた。

その後、トカゲやネズミ、ヘビまで半殺しでリビングに持ち込んだ。ハトの死体を庭に見つけた。ボスタイプのオス猫は獲物を家族に見せたがるが彼は度を越していた。左の牙が抜けた日、家の前ではカラスが死んでいた。白鷺さえ畦に身を潜んで狙った。家を中心に五十メートル周囲の小動物世界は彼の支配になったようだ。彼の外出を家族は「パトロール」と呼んだ。

家では家族を狙った。瞳孔を広げた時に背後を見せると脛に食いつく。三人とも傷が絶えない。私も深夜に何度も襲われた。世界で戦うためのトレーニングだったのか。

ただし外の人間に対しては人なつこさを発揮した。小学生の登下校時には玄関でしつこく鳴くので外に出した。

「わあ、ハナちゃんや」

「わーう」

日課の交流だ。週末にお孫さんがくる向かいの家には、勝手に上り込んで昼寝した。妻と娘を引き連れ近所のスーパーまで散歩もした。買い物する妻を娘と外で見守った。数年で七キロもの成猫に育った。毛並みや小顔は変わらず誇っていたが腹がたるんでよく家族にいじられた。攻撃の代わりに家族とよく話すようになった。夕方私が最後に帰ると二階からトントン、とゆっくり降り
「にゃあ」という。

「おう、ハナタロウか」と言うと
「にゃあ」と額を膝にすりつける。なでながら
「そうか今までお母さんにいじめられていたんだね」

「にゃあ」

「かわいそうに」

「にゃあ」

「いじめてないし！」

と妻が割り込む。これがお決まりの家族の「会話」となった。

夕食時には椅子に座った私の太腿に乗りうっとり寝る。私は左手で撫でながら右手だけで食事する。

「面白い水」も進化した。洗面に立つ家族に忍び寄り蛇口をひねると飛び上がって先に飲む。家族は猫の口に当たった後の水をすくわされた。トイレの給水も飲んだ。

家族とともに二階の布団に入る。しかし夜中に必ず誰かを起こす。娘は頬を噛まれ、妻は耳をかじられ私は腹の上に飛び乗られた。促されて階下で面白い水やエサを与えると満足して戻る。人間は寝不足になる。

十一年の間、砂まじりの床や布団を掃除し、鼻水が固まった壁をふきまわった。最初からわかっていたことだ。家は片付かない。

四人家族の十一年目の七月、ハナタロウの頬に腫れが見つかった。

膝の上に座りたがり動きも力なく「わあー」としつこく鳴く。数日何も食べずやせ、腫れは鼻筋に拡大し右目をふさいだ。医者に飛んだ。

「癌ですよこれは。今まで気づかなかったのですか……余命一か月」

絶句した。医者の話を反芻しながら帰り、仕事に出ようとしたら彼は「わあー」と何度もわめき私の足を止めようとした。その夜もエサや水を取ってくれない。二時間膝の上でなで続け、彼は身じろぎもしなかった。妻は鼻をすすり続けた。

実は彼は癌とともに感染症で急変していた。感染症は治り少し元気を戻したが、余命と言われた一か月後には四キロを切り以前とは見る影もなくなった。右目がまたふさがった。鼻水は血混じりで顔面や前足を赤黒く汚す。

可能性は薄いがと聞いていた癌のレーザー治療を申し込んだ。

初日、私が押さえ先生がレーザーを頬に当てると、痛くもないレーザーを嫌がり男二人を跳ね除けた。指も五か所切り裂かれた。

おとなしく耐える流儀などない。彼はやはりボスだった。

家族は団結した。総出で治療に行き彼を無理に押さえつけず、逃げる彼の動きにあわせて家族がレーザーを当てた。

一クールとなる三週間通い続けた。カリカリも食べなくなり嫌がりあとずさる彼の口に流動食を押し込んだ。

彼は駐車場や近所の車の下に隠れるようになった。家では押し入れだ。

何回もプチ家出し、何回も探しに行った。そして車に乗せて治療に行きレーザーを当て、家では無理やり何かを食わせた。

三週間を終え、癌はむしろ膨れた。レーザーを逃げ回ったからか。この治療は断念した。

その三日後、近所のどこにもいなくなった。

死期が近づくと家を去る猫がいるという。

翌朝、百軒あるこの地区の家々の溝の中まで見回った。一番端の家の玄関に横たわる彼を見つけた。小さく吠えながら柵の後ろに抜けた。奥には氏神の社がある。正面に回り、どこの溝の中か、あるいは軒下に隠れたか、探そうとした。探すまでもなかった。ハナタロウはなんと神社の正面に向かう長い階段の先の祠の真ん中に鎮座していた。そして私を見るや否や高らかに吠えた。

「オオーッ！」

「オウオーッ！」と繰り返す声が神社に響いた。

それまで聞いたことがない鬼気迫る雄叫びだった。

私はひざまずいた。頭を垂れて静かに聴く。時おり小さく名を呼んだ。三分ほどたっただろうか、

「にゃうん」

突然甘え声に変えゆっくり降りてきた。膝に顔を擦りつける。

「そうか。一緒に帰ってくれるか」

抱えながら家に帰った。家でまた流動食を出すと、おびえた目であとずさった。

私は天を仰いだ。

（……もうやめよう、医者も流動食も）

彼は「面白い水」だけで日々をつないだ。脚がよれ立つのも難しい。猫トイレに上がれず床に小便をまく。何も鳴かず押し入れに潜む。仕事から帰ると真っ先に押し入れに顔を突っ込みなでた。口から吹き出る血の腐った匂いが充満していた。

数日後の深夜、気付くと私と妻の布団の間に横たわっていた。

（その足で階段を上がり来てくれたのか！）

何度もなでた。彼と向き合う日々が続いた。外出には同伴した。亡骸は寺で合同葬してもらうことに決めた。

その一週間後に再び消えたのだ。今度は近所にも神社にももういない。

家族は無言の一日を過ごした。その夜、妻と娘は「猫が帰ってきた」夢を見た。私は翌朝目が覚めると階段を走り降り玄関を開けた。

誰もいなかった。

家族は彼の失踪を受け入れ始めた。どこまでも強く気高い彼ならばこそ、と思えた。

それにしてもなぜ彼は一度帰ってきてくれたのか、と私は自問した。それは神社で交わした二人の「会話」の結果だ。だから私は彼の流儀を尊重して医者や流動食を断念したが、結局は出て行った……。

妻は自分の答えを出した。彼はこの地区全体の守り神になったのだ、と鼻をすりながら繰り返した。氏神様に認めてもらい、この家を守ることからは離れたのよと。

数日かけてぼつぼつ掃除した。押し入れ前の血だまりはすぐ取れた。階段の血まじりの鼻水もあっけなく。毎日の床掃除はやめた。砂はたまらない。

二週間後、わが家の前のごみ場をカラスがあさっていた。

それは十年ぶりのことだった。彼は確かにこの家を守っていたと、身に染みた。

夜、駅とパチンコ。そしていたのは。

文月　ようこ

私とイネちゃんとの出会いは、偶然と偶然が上手く重なりあっていたと言える。

夏の終わり、私は友人と歩いていた。サークルからの帰りで、空はとっくに暮れていた。パチンコ店とコンビニだけがやたら明るかった。駅とパチンコ店に挟まれた、暗く狭い道をいつものように、話しながら歩いていた。

しかしいつもと違う点が一つあった。

小さい子猫が、道の端でミャーミャーと泣いていたのだ。

あれまあ。その時の私は、どれほどみすぼらしかろうが、汚かろうが関係なく、猫なら喜んで駆け寄る人間だったから、当然そのようにした。

子猫は逃げ、排水溝に隠れた。

「かわいい、かわいい。ほら出ておいで〜」

るーるるるーと呼んでも、恐れて出てこない。まあ、野良猫なんて大体こんな感じかぁ……もう行くか、と思っていた瞬間。

「あら、何してるの？」

パチンコ店から出てきたお姉さんが話しかけてきた。

「猫がいるんです。」

「へぇ〜あら、まだ子猫じゃない！」

お姉さんの様子からして猫好きということはすぐわかった。猫好きに悪い人はいないのだ、と心の中で頷く。ちなみに犬を飼っている友人は先ほどから私の側に立ってただ眺めているだけだった。

「……もし、あなたがこの猫を飼いたかったら、捕まえてあげるよ」

「え⁉」

突然のお姉さんの提案に驚く。しかし、私にとっては嬉しい提案だ。

「親に聞いてみます！」

私はスマホを取り出した。

問題は何事も親である。以前、同じように野良猫を連れて帰ったらこっぴどく叱られた。親からしたら、願わぬサプライズだったのである。ならば事前に確認しようではないか。猫を飼うことを諦めるという発想はこの時の私にはなかった。

数回のコール後、

「……あ、もしもしお母さん？」

「うん、どうしたの？」

「それがさー……」

事の説明を簡単にした。

「というわけで、猫を飼いたいのだけど……」

「えー」

母の声は渋っていた。当然である。今まで小動物を飼うことは許してくれても、犬や猫は絶対許してくれなかった。今回も断られるか？　じりじり、と返事を待つ。

「……いいよ」

「ほんとに⁉」

「うん。お父さんを迎えに行かせるから。連れてきて」

なんと、まさかの返答。

「許可をもらいました！」

「そっか。良かったね」

お姉さんはにっこり笑った。よーし、じゃあ捕まえるか！　と気合を入れるとまずはコンビニに行ってくる！　と駆け足で向かって行った。

コンビニに行って一体どうするのだろうと思いつつ、私は未だに隠れている子猫を見ていた。お前はもうすぐでうちの子になるのだぞと手ぐすねを引きながら。

お姉さんは手に二種類の猫の餌を持って帰ってきた。

なるほど。餌で猫をおびき寄せる作戦だろう。しかし、わざわざ餌まで買って来るとは一体どれほど良い人なのか。

「ほら、おいでおいで」

お姉さんが優しく声を掛け、餌を差し出した。しかし子猫は怖がって、なかなか外に出ようとはしない。むしろ人間がより近づいてきたことに恐れて、後ずさりしている。

「猫、出てこないですねぇ……」

お姉さんに対する申し訳無さと無理かもしれないという諦めが声色に出た。

その瞬間、お姉さんは体を地面に付け、排水溝の中に手をぐいっと伸ばし、子猫を掴んだ！

凄まじい速さで起きた一瞬の出来事にお姉さんの服が、とか、子猫を捕まえた喜びとか頭の中には色々な思いが巡る。

――な、なんたる強行手段！　そして餌の意味！

私はとにかく混乱していたが、はいと渡された子猫の温かみに一気に夢中になった。

「うわ？　可愛い……あの、本当にありがとうございます」

「いいのいいの！　そういえばさ、あなたの家に猫のゲージとかトイレってある？」

「無いですねえ」

「じゃあ、うちに来なよ。ゲージとトイレ余ってるから、あげる」

「ええっ、いいんですか？」

「もちろん！」

本当にこの方はどれほど良い方なのか。ただ、疑うわけではないが、お姉さんはつい先ほど出会った人である。いくら良いお姉さんとはいえ見知らぬ人の家に行くのは、少し、抵抗がある。

というわけで、私は父がもうすぐ迎えに来てくれることを伝え、共に車でお姉さんの家に向かいましょうと提案した。お姉さんは快く了承した。

私は心躍らせながら父が来るのを待った。

数分後、よく見慣れた我が家の古い車がやって来た。運転席側の窓に駆け寄った。

「お父さん！　あのね、あの方に猫捕まえてもらったンだけど、ゲージとトイレくれるって！　それであの人の家まで一緒に乗っけてって！」

何が一体どうなってるんだ、という困惑した父を他所に、お姉さん、友人、私が乗り込み、駅を後にした。

さて、これがイネちゃんと私の出会いである。

私は今もこの駅前を通っている。ふとした瞬間、いつもこの日を思い出す。そしてイネちゃんを見て、べたべた触りながら、覚えてるかぁ？　とあの日のことを尋ねる。もちろん返事はない。イネちゃんは私に触られるのがキライなので逃げる。

でも私は忘れることは無い。忘れないように、イネちゃんの名前にはその駅の名前の一字を使ったのだ。

ＦＩＴくんがくれたもの

上州　旅人

　昨年の秋、長年住み慣れた関東から単身で福岡に移り住んだ。単身生活は初めてではないものの、五十も半ばの一人暮らしはやはり寂しい。初めての土地、言葉に馴染むには時を要する。

　アパートには一応清潔に必要なものを買い、包丁やまな板、炊飯器なども揃えはしたが、元来が寂しがりのせいで、ほとんど自炊らしいこともせず、仕事帰りに夕飯を兼ねた赤提灯通いが日課となった。

　そんなある夜、いつものようにほろ酔いでアパートに戻ってくると、入り口の階段のところに一匹の猫が座っている。茶色の小柄な猫で真ん丸の瞳が愛らしい。冗談で「ただいま」と声をかけたら、私を見上げて律儀に「ミャー」と返事をしてくれた。「賢いね」とほめて通り過ぎようとしたら、不思議にも私の後をついてくる。鍵を取り出し、ドアを開けると猫は私の股の間をすり抜けて、我が家へ入ってしまった。びっくりしながらも、あまり邪険に追い払うのも可哀想に思えたので、猫の好きに任せることにした。どうぜ気楽な一人暮らしである。

不思議にも猫はまったく警戒するでもなく、部屋の中をゆっくりと一回りしたと思うと、私のベッドにすっと飛び乗った。どうも猫は毛布が気に入った様子で、すっかりくつろいでいる。長い尻尾を可愛く動かしながら、じっと私を見つめている。

あんまり可愛いので膝に乗せると、五分もしないうちに熟睡してしまった。それにつられてか、私も猫と一緒に眠りに落ちていた。

目覚めたのは早朝四時。起こしてくれたのは猫ちゃんだった。肉球で優しく私の背中を押し、「ミャー」と鳴いてベランダのサッシのところに移動する。「ははあ、外に出たいんだね」と気づいて、開けてやると尻尾を元気よく振り、再び「ミャー」と鳴いた。「またおいでよ」と声をかけると、もう一度一鳴きして去っていった。これがこの不思議な猫との最初の出会いだった。

翌日、猫のことが気になって早めに帰宅すると、昨夜と同じところで猫は待っていた。そして、再び私のベッドでぐっすりと眠り込んだ。それはその次の日も同じ。気がつくと、猫と同居の生活が一週間続いていく。

不思議なのは野良のはずが、身体も汚れていないし、ベッドに上がってもシーツなどに足跡などがつかない。どこかのお家で飼われている猫ちゃんかとも思ったが、確かめようもない。結局、夜限定のペットとして世話をすることにした。

名前は勤務する大学の略所のＦＩＴを借用して、「ＦＩＴくん」と名付けた。彼は賢く、礼儀正しい。えさを与えてもがっつくこともなく、ゆっくり優雅に食べている。トイレの粗相も皆無で、うるさく鳴き続けることもない猫だ。

彼のおかげで単身生活の寂寞は雲散霧消し、毎日我が家へ帰るのが楽しくなった。季節は冬に入ったが、ＦＩＴくんと一緒に寝るため、エアコンをとうとう一度もつけずに年を越した。飼い主孝行な猫である。

そして、冬が過ぎて春になる頃、ＦＩＴくんはある日掌に乗ろうかというぐらいの子猫を伴って現われた。驚きながらも、いつものように我が家へ招き入れると、少し怯えている子猫の身体をなめてやりながら、「このおじさん、大丈夫だよ」という風にひと鳴きした。その日のベッドは一人と二匹。川の字になって眠った。ＦＩＴくんはしっかりと子猫を自分の懐に抱き入れて、すっかりお父さんをしている。ふと今は大学生のわが子が幼い時のことを思い出していた。

それから程なくして、ＦＩＴくん、そして子猫は突然来なくなってしまった。ショックで町内を隈なく探してみたが、結局は見つからずじまいで今日に至っている。

寂しくないかと言われれば、もちろん寂しい。しかし、ＦＩＴくんが出会い以来私に与えてくれた安らぎや幸福感は測り知れないものがある。考えてみると、ＦＩＴくんは私が福岡にやって来て、最初にできた友達だった。

今頃、成長した子猫らと共に仲よく暮らしていてくれればいいなと思っている。

猫はもの言わぬ生きものである。しかし、たとえ言葉は発せずとも、十分に心と心は繋がり合えるものだということをＦＩＴくんとの同居生活は教えてくれた。

トトロの贈り物

林　昭憲

私は十匹を超える数の猫と関わりながら生きてきた。最初に飼った二匹は親しい人から頼まれて飼い始めた猫だったが、後は全て捨てられた猫達である。その中で、私と私の家族に忘れ難い思い出を運んでくれたある猫の姉妹についてお話しさせていただきたい。

今から十五年ほど前のことである。当時我が家では犬を飼っており、犬の散歩は私の役目だった。近くの川沿いの道が普段の散歩コースで、散歩道の横にはあまり手入れされていない大きな雑木林があった。

五月のとある日の夕刻、愛犬の散歩に行った。タウン誌を見て貰った犬であったが、穏やかでおとなしい性格で賢い犬だった。「行こう」とか「帰ろう」といった言葉を聞き分けて行動する犬であったが、その日は雑木林の一角に差し掛かると、私を引っ張るようにして雑木林の中に入って行こうとする。「何、どこへ行くの。早く帰ろう」と言っても、珍しく従おうとしなかった。不思議に思い、進むに任せると、少し先の木の根元に二匹の子猫の姿が見えた。周囲の状況から考えて捨て猫のようである。保護してやろうと思った。少し離れた所に犬をつなぎ、子猫にそっと近づいたが、身の危険を感じたのであろう、子猫達は林の更に奥へと逃げ込んでしまった。

日没を過ぎ、更なる追跡は難しい。犬の嗅覚なら見つけることが出来るかもしれないが、人の目では無理である。それにしても、よりによってこんな人目に付きにくい場所に捨てるなんて子猫に死ねと言っているに等しい。何と心ない仕打ちであろうかと怒りが湧き、悲しくもなった。明朝改めて探すことにしてその場を離れた。

翌日まだ人もまばらな早朝に同じ場所へ自転車を走らせた。自転車を降りて、昨日と同じ木の近くへ行ってみると、まったく同じ場所に二匹が身体を寄せ合って丸くなっていた。大きな藪がたくさんある広い林の中で子猫を見つけることができたのは奇跡だと思った。捨てられてからの何日かをずっと同じ場所で過ごしていたのであろう。きっと母が現れるに違いないと信じて。

捕まえるためにゆっくりと近づき、そっと手を伸ばすと二匹はぱーと逃げ出してしまった。二匹が別々の方向に逃げたので一方だけを追いかける。運よく一つの藪の根元に追い詰め、何とか捕まえることが出来た。手に乗せてみると、掌に丁度乗る程の大きさである。

まだ乳離れしていないかと思われるほどの月齢に見えた。捕まえた一匹を自転車の前籠に入れる。籠から逃げだしてしまうのではないかと心配したが、逃げるという知恵が湧かないのか、爪を使って籠をよじ登るだけの力がないのか分からないが、籠から逃げ出すことはなかった。

逃げた方の一匹を捕まえるべく、しばらくの間周辺を探してみたが見つからない。広い林の中、一人では無理だと観念し、電話で長男に助っ人を頼んだ。併せて、何か子猫の食べられそうな物をと考え、水とツナ缶を持って来るように言った。長男は私に負けず劣らずの動物好きなので二つ返事でオーケーだ。やみくもに動き回ることは止め、二人で連動して動こうと考えて長男の到着まで探索は待つことにした。

待つうちに、籠に入れた子猫が逃げたもう一方に助けを求めるように鳴き始めた。しばらくすると逃げた一匹が林へ入る小道の入口近くに姿を現わして、籠から聞こえる声に返事をするかのように鳴き始めた。私が立っている所からわずか三メートルほどの場所である。期せずして捕まえるチャンスが巡って来たと思い、直ぐに追いかける。一匹目と同じように藪の根元に追い込んで無事に捕まえることが出来た。

籠の中に入れてやると、二匹は互いに頭や身体を擦り付けている。心から再会を喜んでいるように見えた。こんな幼い子猫が、怖さもあったに違いないが勇気を出して声のするところに駆けつけた。その兄弟愛に目頭が熱くなってしまった。長男が到着し、水と缶詰を与えると、貪るように飲み、食べた。少なくともこの一両日は何も口にしていなかったに違いない。愛犬ビリーの行動が二匹の命を救うすべての始まりになったのだ。

さて保護した二匹をどうするかだ。実は私の妻は看護師だった母親が犬や猫を室内で飼うと毛が飛び散り健康に良くないからと飼うことを認めてくれなかったそうで、子供の頃猫を飼った経験がない。だから可愛い子猫を前に、室内で飼うことにためらいを感じていた。家族で相談の結果、二匹を飼ってくれる人を皆で探そうと決めた。

貰い手が見つかるまで、家族が不在の昼間はケージに入れることにした。使っていなかった兎用のケージを使おうと考えた。小さな猫トイレを入れても小さな二匹であれば遊ぶに十分な広さが取れる大きさだ。皆帰宅すると、抱きあげたり、おもちゃで遊んでやったりと猫を中心にした生活が始まった。家族全員がそれぞれ貰い手探しに力を尽くしたが、貰い手は簡単には見つからない。当初ためらいが見られた妻も、すぐに食事の世話、ケージやトイレの掃除と子猫のために大活躍である。可愛くてたまらないようだ。

二匹共メスであることが分かったので、長男の提案で、姉妹は「メイ」「さつき」と名付けた。そう、トトロの映画からいただき、二匹の幸せへの祈りを込めた名前だ。

ひと月近く経過しても貰い手が見つからない。やがて、妻が二匹共我が家で飼ってやろうと言い出した。子供たちも大賛成である。反対は私だけだ。本当にかわいい時期は僅か半年か一年である。大きくなればいたずらもする。毛も沢山抜けるようになり定期的なブラッシングも必要になる。家族揃っての旅行も難しくなる。飼い始めれば十五年は生きるであろう。その間本当に責任をもって世話をし続ける事を理解し、覚悟ができているように見受けられない。

そんな中、妻の職場の同僚の方の中に一匹貰ってくださる方が現れた。メイは明るく活発だ。さつきはおとなしくてメイほどの華やかさがない。貰ってくださる方はメイちゃんがいいとおっしゃる。他の同僚の方も皆メイちゃんの方が可愛いと言うらしい。そんな声を聞いて、妻や子供たちもメイを手放したくなくて、さつきを手放すかあるいは二匹共飼いたいと言う。私は一匹だけなら飼うことに賛成すると言った。但し、さつきを残すことが条件だ。さつきを嫁がせれば、将来やはりメイちゃんの方が可愛かったねと言い続けられることになるかもしれない。だから、メイを嫁がせてさつきを残すのでなければだめだと主張した。

結局、メイが嫁いだ。メイは新しい名前をもらい、お兄さんにとてもかわいがってもらっていると報告があった。高層マンションの高層階で、ある日ベランダから姿が消えてしまったそうだ。家族中が真っ青になったが、どうやらフェンスを伝って逃走したらしいと分かり、一軒一軒訪ね歩いたそうである。無事に保護することが出来るまで皆何も手につかなかったなどという話も聞こえてきた。可愛がっていただいている証左で、嬉しい限りである。

残ったさつきは、その後長男命になった。長男が他所に住むようになってから約十年経つが、今でも長男が帰ってくるとその傍に身を置いている。どうあがいても逃げ出せなかった籠の中から自分を助け出し、食べ物までくれた優しい人としてずーっと心に刻まれているのではないだろうか。さつきは齢十五を数え、今は長男が戻っている時以外は妻の布団で寝ている。メタボだが大きな病気もなく、まだまだ生きられそうだ。

嫁いだメイにもたくさんの思い出がある。当時撮った写真の中にメイが次男の肩に乗って得意げにしている一枚がある。次男の心配げな表情と相まって私のお気に入りの一枚だ。今幼い孫たちはその写真を見て「パパとさっちゃん？」と訊く。

さつきとメイの道を決めることになったあの時の私の判断が適切であったかどうか今も私は分からない。

インコのいる朝

鈴木　敏之

陽当たりの良い、リビングの窓辺。それが彼の定位置。早朝、雨戸を開けると、朝陽が彼の住まいを照らす。鳥かごを包むバスタオルごしに、彼は一日の始まりに気付き、さえずり始める。たぶん、小さなまぶたは未だ開けきっていないだろう。

我が家で朝一番に働き始めるのは細君。バスタオルをそっと外し、彼の健在に安堵しつつ、「おはよう」と声をかけるのも細君の務め。彼は、ぱっちりとしたつぶらな黒目で見上げ、ストレッチをする。片足を上げ、片方のつばさをおもむろに広げる様は、優雅なバレリーナのようである（人によっては「土俵入り」とも言うらしい）。その後は、早速に戸外へ出たいと意思表示をする。鳥かごの扉をせわしなく上げ下げし、ガシャガシャと騒がしい。細君が、「はい、はい」と優しい声音で扉を開けると、迎えの指にワンタッチして勢いよく飛び出す。快調のときは、弾丸のようなスピードで。

セキセイインコの彼の名は「ピヨ」。鳴き声に由来する、何のひねりもない名前であるが、命名に当たって、家族四人の意見はなかなかまとまらなかった。誰がその名を最初に挙げた功績者であるのか、時々、細君と息子との間で争いになる。しかし、三年前、小鳥屋で群れていた雛たちの中から、ひときわ幼く、羽も生えそろわない繭玉のような姿で盛んに鳴いていた彼を選んだのが細君であることは間違いない。その事実は、細君が彼の「母」を自任する正統性の最大の根拠ともなっている。

が、悲しいかな、「母の心、子知らず」である。かごから飛び出たピヨが向かうのは、リビングに登場する二番手の私である。遊び相手である私の肩（時に頭）の上で、彼は朝の挨拶をする。我が子たちに似て、語彙の少ない彼は、名のとおり「ピヨ」と鳴くか、気が向けば「ゴキゲンヨウ」を連発し、こちらの顔をのぞきこむ。関心の外におかれる細君は、その様子に少し不満げな面持ちで台所仕事を始める。

毎朝、細君が最優先に行う台所仕事は、かご掃除である。たぶん、衛生上は毎日行わなくても支障ない筈であるが、どんなに忙しくとも、それこそ「雨が降ろうが、槍が降ろうが」という気合いで「母」は掃除にいそしむ。その懸命な、特に慌ただしい日は鬼気迫る様子を尻目に、ピヨは、私や、お気に入りの小道具（例えばテレビのリモコンなど）を相手に、気ままな遊びに興じている。

ただ、掃除にも役得はある。それは、かごの下に落ちている羽毛拾いである。ピヨは、黄色と緑を基調に、つばさに黒い斑《ぶち》のアクセントを持つインコ。黄色い頭には、小さな青いチークパッチや、黒いドットが頬や顎下にあしらわれている。換羽の時期を中心に、それら様々な色・かたちの羽毛が抜け落ちる。長い尾羽や風切羽のような大物だけでなく、つばさの黒斑や、顔の青、黒の小物（それぞれ、我が家では、「紋付き」、「青ひげ」、「勲章」と呼称する）も、「レア羽」として拾い主に小さな喜びを与える。もらさず拾われた羽毛は、透明な小箱に収まり、リビングのインテリアとして新たな役割を担うことになる。小箱は、一年でほぼ一杯となり、彼の誕生日を境に、まるで厳粛な儀式であるかのように新しい器が用意される。

やがて子どもたちが起き出し、朝食が始まる。寝起きで機嫌の悪い子どもたちも、彼がペタペタと足音立てて寄ってくれば相好をくずす。何故か、愚息のことを「恋人」と勘違いしているピヨは、卓上のコップの上で、うっとりとした目でその顔を眺めている。もっとも、大学に入ってから家に不在がちとなった分、その卓越した地位は高校生の妹に脅かされつつある。もろもろの世話を焼く「母」や「遊び相手」の我々夫婦は、多少の割の合わなさを感じつつも、家族一同がそろう朝の食卓で、彼から一日を始める元気をもらう。

学校へ行く子どもたちを送り出し、出勤の準備が整えば、放鳥の時間も終いとなる。しかし、よほど空腹でない限り、なかなか自発的にはかごに戻らない。そうなると、夫婦共同、もしくは殿の私ひとりで、大トリ物を演ずることになる。こちらの意図も察している彼は、「つかまえてごらん」と言いたげな顔で飛び回る。たぶん、鬼ごっこをしているつもりなのであろう。リビング中を追い回してこちらが疲れた頃、「今日はこのくらいにしてやろう」と言わんばかりに、かごに帰るときもある。

そう、インコは人間と遊び、コミュニケーションをとれる生き物だ。四十グラム程度、大さじ三杯にも満たない体の小ささ（当然、脳ははるかに小さい）を思えば、驚異的である。そんな「コンパニオンバード」のインコに対し、研究者の中には「自然でない」、鳥本来の姿や心を「ゆがめている」と評する向きもあるらしい。それに対し、あるサイエンス・ライターは、家庭という安全・安心な環境の下、「自然の中に存在する圧力によってそれまで抑えられていたものが『開放された』」、「『隠れた資質』が表面に出てくるようになったと考えるべき」と主張する（細川博昭『インコの謎』P106‐107）。この見方に、私も全面的に同意する。我々家族の一員として心を開き、戯れる姿は健気で愛おしい。

賢い小動物、セキセイインコの寿命は十年程度という。我が子の巣立ちとどちらが早いだろうかと思っていた。が、別れは突然やってきた。この夏、毛抜きの癖が高じて、自分の嘴で体を傷つけ、多量の出血という事態に至った。近所の動物病院に入院したものの、強いストレスの故か、餌を受け付けなくなり、たった一週間であっけなく息を引き取った。「きれいに治っていたのですが……」と傷跡を指し示して弁解する医師の前で、私は呆然とするばかりだった。

別れの翌朝は雨だった。家族四人、傘をさしながら、彼がふだんかごから眺めていた庭の片隅に穴を掘り、手向けの花とともに小さな亡骸を埋めた。リビングの一等地を占めていたかごは早々に片づけられ、広々となった。ただ、飾り棚の羽毛入りの小箱は、彼の存在の証としてそのままにした。結局、四つめの小箱は、底の方にわずかな羽毛を収めたのみとなってしまった。

「朝」とは、人間にとって、どういうものだろう。安らかな眠りを脱し、これから始まる一日の煩わしさを思いやり、憂鬱な気分となる場合も多い。毎日がすっきり爽快、という人間はきわめて稀だろう。他方、鳥たちは目覚めるやさえずり、生きていることの喜びを全身で表す。さらにインコは、天性の「コンパニオン」として、人との出会いに目を輝かして雀躍する。そんな彼の存在がいかに大きかったか、いなくなってみて切実に感じられる。

どんよりと曇りがちだった今年の夏は終わり、秋が訪れようとしている。早すぎた彼との別れを惜しみつつ、広くなったリビングの使い方について、我が家の結論は留保したままとなっている。この先、「インコのいる朝」は、再びやってくるだろうか。

ペットと私　キミたちは、たいせつな家族だよ

2018年８月30日　初版第１刷発行

編　者　「ペットと私」発刊委員会
発行者　瓜谷 綱延
発行所　株式会社文芸社
〒160-0022　東京都新宿区新宿1－10－1
電話　03-5369-3060（代表）
03-5369-2299（販売）

印刷所　株式会社晃陽社

ISBN978-4-286-19650-3